Hühner

Lutz Schiering

Hühner

Prachtvolles Federvieh

© KOMET Verlag GmbH, Köln
Alle Rechte vorbehalten
Coverabbildung: © Fotolia/Iosif Szasz-Fabian
Gesamtherstellung: KOMET Verlag GmbH, Köln

ISBN 978-3-86941-056-2

www.komet-verlag.de

Inhalt

Vorwort

oder Über das Vergnügen, Hühner zu halten

„Es wird uns ewig räthselhaft bleiben, wie es der Mensch anfing, die freiheitliebenden Wildhühner zu vollendeten Sklaven zu machen", urteilte Alfred Edmund Brehm in seinem „Illustrirten Thierleben" von 1867. Als Herr Brehm seine Enzyklopädie vor knapp 150 Jahren verfasste, hätte er sich wohl kaum träumen lassen, dass es für die Hühner noch viel schlimmer kommen würde. Die letzte Hühnervolkszählung der Welternährungsorganisation FAO fand 2008 statt. Das Ergebnis: Eine stattliche Anzahl von 18 398 436 000 Hühnern bevölkern unseren Planeten, und das in fast allen Teilen der Erde. Unzweifelhaft leben die meisten von ihnen unter „unhühnerischen" Bedingungen. Das muss nicht so sein und war nicht immer so.

War der Tod im Hahnenkampf oder als Opfertier beispielsweise bei den alten Griechen auch kein schöner, so war das Leben doch zumeist ein gutes. Lange Zeit wurde den Hühnern Achtung gezollt, ihrer Schönheit, ihrer stolzen Haltung, ihrem Gruß an den Tag. Im alten Rom durften sie gar orakeln. Später wurden sie selbstverständliches Mitglied der bauerhöflichen Gemeinschaft. Umtriebig liefen sie auf den Höfen herum, ihr Gegacker gehörte zum Dorfleben. Die Hühner lebten in relativer Freiheit, konnten draußen picken und in der Sonne baden, lieferten den Bauern und Selbstversorgern Eier und Fleisch und wurden auch wegen ihrer Anspruchslosigkeit geschätzt. Erst im 19. Jahrhundert setzte die Intensivhaltung ein.

Die Lebensverhältnisse haben sich geändert, und die heutige Hühnerhaltung kann nicht an vergangenen Zeiten gemessen werden, wohl jedoch an der Notwendigkeit einer artgerechten Haltung, was

Putzen – das ist den Hühnern ein Bedürfnis.

Industrie, Hühnerhalter und Konsumenten gleichermaßen angeht. Artgerecht bedeutet: an den natürlichen Bedürfnissen der Hühner orientiert. Schaut man ihnen dort zu, wo sie ihren ursprünglichen Verhaltensweisen nachgehen können, ergeben sich nicht nur Schlussfolgerungen für die Haltung, sondern die Hühner sind auch wieder das, was sie immer waren: schöne Tiere und liebenswerte Zeitgenossen.

Hühner, die artgerecht gehalten werden, erfreuen nicht nur sich selbst ihres Lebens, sondern auch den Hühnerhalter. Das hat sich herumgesprochen, denn immer mehr Menschen halten sich ein paar Hühner auf dem eigenen Grundstück, schätzen ihren Anblick und ihre Eier. Schon Herzöge und Fürsten hatten in ihren Schlossgärten Hühner – und ihre Köche bereiteten aus den Eiern köstliche Kuchen und Soufflés. Warum also sollten wir es anders machen?

Noch ein Hinweis: Auch wenn der Begriff „Huhn" im engeren Sinne die Henne bezeichnet, wird er hier wie in der Umgangssprache für das männliche und weibliche Tier verwendet.

Die Geschichte des Huhns
oder *Wie aus dem wilden Huhn das Haushuhn wurde*

Gesicherte Erkenntnisse, wann genau die Domestikation des Huhns zum Nutz- und Haustier einsetzte, gibt es nicht. Viele Forscher gehen davon aus, dass im asiatischen Raum schon um 3000 v. Chr. Menschen Hühner gehalten haben – womöglich gehen die Anfänge sogar bis ins sechste Jahrtausend v. Chr. zurück. Eindeutigkeit ist hier schwer zu erlangen, weil die Hühnergebeine es den Archäologen und Paläontologen nicht leicht machen: Zum einen erhalten sie sich über die Jahrtausende schlechter als zum Beispiel Knochen von Rindern, Schweinen und Schafen, zum anderen ist anhand der Knochen schwer zu entscheiden, ob es sich bei dem Fund schon um ein frühes Haushuhn oder noch ein Wildhuhn gehandelt hat.

Das Sonnerathuhn lebte schon in Indien, als vom Haushuhn noch nicht die Rede war.

Bereits seit Darwin geklärt ist hingegen, dass die Haushühner von wilden Kammhühnern abstammen, die heute noch in Südostasien leben. Dabei ging Darwin davon aus, dass das rote Kammhuhn, das Bankivahuhn *(Gallus gallus)*, sich allein den Verdienst an die stolz geschwellte Brust heften kann, Urahn der Haushühner zu sein. Diese Überzeugung blieb in der Evolutionsforschung bis vor Kurzem weitestgehend Konsens. Eine internationale Forschungsgruppe an der Universität Uppsala stellte allerdings im Jahr 2008 mit modernster Technologie fest, dass auch das graue Kammhuhn, das Sonnerathuhn *(Gallus sonneratii)*, nicht ganz unbeteiligt war – nur dank ihm konnten Haushühner so schöne gelbe Beine entwickeln. Das gelbe Kammhuhn *(Gallus lafayettii)*, kurz auch Lafayette genannt, und das Gabelschwanzhuhn *(Gallus varius)* – im Gegensatz zu unseren polygamen Haushühnern in treuer Einehe lebend! – hingegen haben sich noch nicht zu Wort gemeldet, um ihre Verdienste um das gemeine Haushuhn anzumelden.

Auch bezüglich der Unterschiede zwischen Wild- und Haushuhn haben die Untersuchungen an der schwedischen Universität neue Erkenntnisse gebracht: Die Fähigkeit heutiger Haushühner, ganzjährig Eier zu legen, liegt in einer Mutation des für die Koppelung von Tageslänge und Reproduktion zuständigen Gens TSHR begründet. Durch züchterische Auswahl kann eine derartige Mutation fest in einer Tierart etabliert

Die Urahnschaft des Bankivahuhns lässt sich in den Genen heutiger Haushühner nachweisen.

werden, und genau dies scheint geschehen zu sein: Denn von Schweden bis China zeigten alle untersuchten Hühner eine solche Genmutation, die die ursprüngliche zeitliche Begrenzung des Fortpflanzungsverhaltens sozusagen außer Kraft setzt.

Um Eier eines wilden Bankivahuhns zu finden, muss man schon Glück haben: Die Henne legt pro Jahr nur ein bis zwei Gelege von etwa fünf bis acht Eiern – was für die

Verhinderung einer Überpopulation durchaus sinnvoll erscheint. Will man dennoch suchen, sollte man den Frühling wählen. Weitere Unterschiede im Vergleich mit den meisten Haushuhnrassen liegen in der besseren Flugfähigkeit und dem stärker ausgeprägten Fluchtverhalten der Wildhühner. Manche Haushuhnrassen zeigen auch ein deutlich vermindertes Brutverhalten. Und dennoch: Beschäftigt man sich eingehender mit Haushühnern, stellt man fest, dass sie die meis-

Das Gefieder der weiblichen Bankivahühner ist unauffällig graubraun gefärbt.

Haushühner wie wilde Hühner sitzen gern erhöht – so auch dieser Hahn in Thailand, Heimat der Bankiva.

Vielfalt der Rassen: Hühner in „Brehms Tierleben" von 1867

Hühner sind Herdentiere, wilde Rassen sowie artgerecht gehaltene Haushühner leben in einer Haremsstruktur.

ten Bedürfnisse, Vorlieben und Verhaltensformen ihrer wilden Vorfahren noch teilen – sofern sie die Möglichkeit dazu haben. Diese „Ursprünglichkeit" setzt entsprechend die Maßstäbe für eine artgerechte Haltung.

Die wilden Kamm- oder Dschungelhühner lebten und leben in Indien und Südostasien, und zwar in lichten Wäldern und buschigem Gelände, das ihnen Schutz bietet; freie Flächen meiden sie – wie Haushühner. Eine Schar besteht zumeist aus einigen Hennen unterschiedlichen Alters und einem Hahn, dem Anführer. Außerhalb der Brutzeit schließen sich teils auch größere gemischte Herden zusammen. Es existiert eine die meiste Zeit von allen Beteiligten akzeptierte Rangordnung, die nicht ständig neu ausgekämpft werden muss. So sind die meisten Sozialkontakte – und die soziale Interaktion spielt eine zentrale Rolle in der Schar – friedlicher Natur: spielerisches Picken, Körperkontakt und vielfältige lautliche Kommunikation. Ein Großteil des Tages ist mit Scharren, Picken und Trinken sowie Sandbaden

und sonstiger Körperpflege ausgefüllt. Die Nacht verbringt man gemeinschaftlich auf dem Schlafbaum, von dem man sich auch tagsüber nicht viel weiter als 50 Meter wegbewegt. Gebrütet wird in möglichst versteckt gelegenen Nestern, auch Gemeinschaftsnester sind üblich. Waren die ausgebrüteten Eier nicht befruchtet, schlüpfen also keine Küken, überlassen die Wildhühner sie nach der Brutzeit den Raubtieren.

So fühlen Hühner sich wohl: beim Picken an der frischen Luft, geschützt unter Bäumen, hier in einem indischen Dorf.

Ursprünglich im südasiatischen Raum domestiziert, fanden die Hühner nach und nach weltweite Verbreitung, was auch ihre große Anpassungsfähigkeit offenbart. Bis zum Mittelalter waren es ausgerechnet Hahnenkämpfe, die einen wesentlichen Ausschlag für ihre Haltung gaben. Außerdem waren Aussehen und Verhalten insbesondere der Hähne in vielen Kulturen Anlass, sie zur Kultfigur zu erheben: Der frühmorgendliche Hahnenschrei, das prächtige Gefieder, das stolze Gebaren, das eindrucksvolle Kampfverhalten, die Funktion als sorgsamer Beschützer der Hühnerschar und das Leben im Harem sowie das eindrückliche Balzverhalten ließen Hühner bzw. Hähne zum Sinnbild für Fleiß, Fruchtbarkeit, Mut und Licht werden. Das Krähen war nicht nur Zeitgeber, sondern im Volksglauben auch apotropäisches Signal, dass die Dämonen der Nacht vertrieben waren.

Sinnbild oder künstlerisches Motiv: Das Huhn ist in den unterschiedlichsten Kulturen verewigt worden.

Für die alten Ägypter, die Hühner hielten, lange bevor diese Europa erreichten, priesen die Hähne frühmorgens den Sonnengott Ra. Die alten Griechen begeisterten sich nicht nur für den Hahnenkampf, sondern benutzten das Federvieh auch als Opfertier. Dem persischen Religionsgründer Zarathustra war der Hahn Wächter des Guten und Sinnbild des Lichts.

Im alten Rom durften weiße Hühner orakeln: Wie viele und welche der ausgestreuten Körner sie aufpickten, schien einen Blick in die Zukunft zu erlauben.

Besondere Wertschätzung widerfuhr dem Huhn im antiken Rom. Es wurde als Weissager geschätzt: Fraßen die Hühner viel, galt dies zum Beispiel vor einer Schlacht als gutes Omen. Eigens zum „Orakeln" züchtete man eine spezielle weiße Hühnerrasse. Überhaupt legten die gut organisierten Römer viel Wert auf die Rassenzucht bei Hühnern, die anders als im Fernen Osten hier anschließend erst einmal wieder gänzlich an Bedeutung verlor. Weiterhin schätzte man allerdings Eier und Fleisch. Im nördlichen Europa taten es die Hühner vor allem den Kelten an, die von den Römern wegen ihrer vielen Hühner sogar als Gallier (*gallus*, lat. Huhn) bezeichnet wurden.

Im Mittelalter ging es profaner zu: Hühner bereicherten die europäischen Klostergärten und waren von einiger wirtschaftlicher Bedeutung. Ihre Eier dienten nicht nur der Selbstversorgung, sondern wurden auch als Zahlungsmittel akzeptiert. Zumeist liefen sie frei auf den Höfen herum, die Nächte verbrachten sie in Scheunen. Da zwischen den Hühnern aus unterschiedlichen Regionen zu dieser Zeit nur selten Treffen anberaumt wurden, entwickelten sich viele eigenständige Landhuhnrassen. Mit dem 18. Jahrhundert einsetzend gelangte die eigentliche Rassenzucht – auch mit aus dem Mittelmeer importierten Rassen – erst im 19. Jahrhundert zu größerer Bedeutung. Rassestandards wurden festgelegt, Zuchtverbände gegründet. Die Haltung exotischer Rassen wie Malaie und Brahma galt als Statussymbol. Besonders im viktorianischen England waren Hühnerausstellungen groß in Mode. Doch nicht nur Zierrassen wurden gezüchtet, sondern vor allem auch Legehennen und Masthähne.

Schließlich begann das Zeitalter der Intensivhaltung, zunächst in England, in den 1930/1940er-Jahren verstärkt in den USA und nach dem Zweiten Weltkrieg schließlich auch bei uns. Da war es mit dem Auslauf für die meisten Hühner vorbei. Heute gibt es an die 200 Rassen, von denen sich sehr viele erst in den letzten

Die Haltung exotischer Rassen galt im 19. Jahrhundert als schick – und so ein Brahma macht ja auch tatsächlich Eindruck.

*Auf Kauai, einer der
Inselns Hawaiis, die
auch Chicken Island
genannt wird, leben
unzählige verwilderte
Haushühner glücklich
in Freiheit.*

150 Jahren entwickelt haben und von denen manche bereits wieder vom Aussterben bedroht sind. Inzwischen ist auch die auf eine Nutzungsart (Fleisch- oder/und Legeausbeute) orientierte Rassenzüchtung sozusagen überholt – die Agrarindustrie von heute setzt auf die Hybridzucht.

Insbesondere Hobbyzüchter sind es, die sich im Sinne der biologischen Vielfalt für bedrohte Rassen einsetzen. Allesfresser in kompakter Größe, relativ leicht zu halten und zu ernähren, können Hühner mit etwas Sachverstand auch jenseits einer bäuerlichen Lebensform gehalten werden – eine Chance, die nicht wenige nutzen.

Am Stadtrand von Köln leben diese glücklichen Hühner und machen ihre Besitzer mit Eiern glücklich.

Gallus in suo sterquilinio plurimum potest

„Der Hahn kann auf seinem Misthaufen am meisten." Seneca, Apocolocyntosis

Ein wenig respektlos ist das schon, wenn sich ein römischer Philosoph und Staatsmann derart über seinen Kaiser Claudius äußert. Es zeugt aber davon, dass Seneca nicht nur ein angespanntes Verhältnis zu seinem direkten Vorgesetzten hatte, sondern dass ihm, dem Römer, auch das Verhalten von Hühnern bekannt war.

Menschliche Eigenschaften mit tierischen zu beschreiben und zu vergleichen hat eine lange Tradition. Bis heute existieren Vergleiche zwischen Mensch und Huhn in unserem Sprachgebrauch (die interessanterweise fast alle ein Pendant in anderen europäischen Sprachen haben). Ein eingebildeter Gockel trifft ein verrücktes Huhn, ihm schwillt der Kamm, und lange fühlt er sich als Hahn im Korb, bis die Henne ihn zum ersten Mal zum Hahnrei macht, wobei er wohl oder übel einige Federn lassen

muss. Von da an streiten sich die beiden nur noch um ungelegte Eier, gehen mit den Hühnern zu Bett, und war die Angebetete am Anfang der Beziehung noch ein süßes Küken, ist sie am Ende derselben nur noch eine alte Glucke. Meist allerdings kommt der Hahn in solchen Redensarten besser weg, das stolze, gockelhafte Verhalten wird ihm nicht nur verziehen, sondern gar hoch angerechnet. Manche Hähne glauben eben, dass die Sonne nur ihretwegen aufgeht, wobei auch die sexuelle Potenz des Hahns Spielraum für Redewendungen und Umschreibungen bietet, sei es als „Piephahn" oder als „cock" für die Bezeichnung des männlichen Geschlechtsorgans im Englischen.

Am schlimmsten leiden wohl die Franzosen. Entspringt doch schon ihre Nationalbezeichnung einem Wortspiel. *Gallus* heißt eben nicht nur Huhn, sondern auch Gallier. Spätestens seit dem unrühmlichen frühen Ausscheiden der Nationalmannschaft bei der Fußball-WM 2010, bei der die einst so stolze Équipe Tricolore wie ein aufgescheuchter Hühnerhaufen agierte, unterstützt dies die These Napoleons, der den Hahn als Nationalemblem mit der Begründung ablehnte: „Der Hahn hat keinerlei Kraft und eignet sich deshalb nicht als Sinnbild für ein Kaiserreich wie Frankreich."

Er präferierte eher die Marianne, Tochter der Französischen Revolution, die seitdem in jedem gallischen Rathaus als Büste herumsteht; der Hahn wurde auf Münzen und Briefmarken verbannt.

Und dort, in der Trivialkultur eben, führt das Huhn vor allem das Küken ein Dasein als flauschiges, kuscheliges Wesen. Was nun wiederum mit der Realität gar nichts zu tun hat, denn der wahre Alltag der meisten Küken im *Agrobusiness* sieht anders aus. Da wäre man schon lieber Tamagotchi und würde, wenn auch nur virtuell, umhegt und umsorgt. Die Trivialisierung des Huhns auf die Spitze getrieben haben zweifelsohne Traumfabriken wie Disney (*Himmel und Huhn – Chicken Little*, 2005, ein Film, der auf einem Zeichentrick-Kurzfilm von 1943 basiert) oder Aardman Animations und DreamWorks Pictures mit *Chicken Run – Hennen rennen* (2000). Dagegen ist natürlich nichts einzuwenden, zumal letzterer Film durchaus satirisch Parallelen zwischen Massentierhaltung und Arbeitslagermentalität zieht. Was nicht weiter verwunderlich ist, denn in einem Land wie den USA, in dem jährlich etwa 8,5 Milliarden Brathähnchen vertilgt werden, die zum größten Teil in industriellen Hühnerfarmfabriken „produziert" wurden, kann man eigentlich nur zynisch an die Darstellung von Hühnern herangehen. Da bleibt nur der Galgenhumor des Bremer Stadtmusikanten-Hahns: „Komm mit, etwas Besseres als den Tod findest du überall."

Verhalten und Vorlieben

oder Ein Tag im Leben eines Huhns

Lautstark meldet der Hahn seinen Revier-anspruch an.

Bei so viel Gefieder gibt es viel zu putzen.

„Ich wollt', ich wär' ein Huhn, ich hätt' nicht viel zu tun, ich legte täglich nur ein Ei und sonntags auch mal zwei."

So zumindest lautete der Text des Gassenhauers aus dem Film „Glückskinder" aus dem Jahr 1936. Und tatsächlich scheint der Tagesablauf eines Huhns eher geruhsam zu sein – wenn es sich um ein „glückliches Huhn" in artgerechter Haltung handelt. Das frühe Aufstehen allerdings wäre wohl nicht jedermanns Sache, und auch über das ausgiebige Putzen respektive Waschen gehen die Meinungen auseinander.

Wie ein wohlerzogener Mensch beginnt das Huhn den Tag mit der Körperpflege – und das schon mit Einsetzen der Dämmerung. Auch bei der abendlichen Reinigung wird nicht geschlampt, am intensivsten jedoch putzt sich das Huhn um die Mittagszeit. Mit Schnabel und Krallen werden alle Körperteile bearbeitet. Das Huhn kratzt sich am Kopf, bepickt befiederte und unbefiederte Stellen und „kämmt" sich mit dem Schnabel das Gefieder, wobei dieses nicht nur von Staub befreit, geordnet und geglättet, sondern auch mit dem in der Bürzeldrüse produzierten Sekret eingefettet wird.

Eine große Reinigungswirkung haben auch die Sandbäder, die Hühner vorzugsweise in

Hühner zeigen beim Putzen eine beeindruckende Gelenkigkeit.

Das Spreizen der Flügel ist wichtiger Bestandteil des Komfortverhaltens.

der frühen Mittagszeit und besonders gern an einem warmen Platz nehmen. Die für jedes anständige Bad erforderliche Mulde wird mit den Füßen ausgescharrt. Aufgeplustert schleudert das Huhn Sand ins eigene Gefieder, bevor der geruhsame Teil des Rituals beginnt: genüssliches Suhlen und Räkeln in der Sandmulde. Mit dem abschließenden Körperschütteln befreit sich das Huhn nicht nur vom Sand, sondern mit ihm zugleich von Ungeziefer, Staub und überflüssigem Gefiederfett.

Auch abgesehen von solch ausführlichen Reinigungsritualen zeigen Hühner über den Tag verteilt immer wieder Putzverhalten. Sie schütteln ihr Gefieder aus, strecken die Flügel und das entsprechende Bein nacheinander und kratzen sich den Kopf. Alles in allem ist ein nicht geringer Teil des Hühnertages dem Putzen gewidmet – und das macht

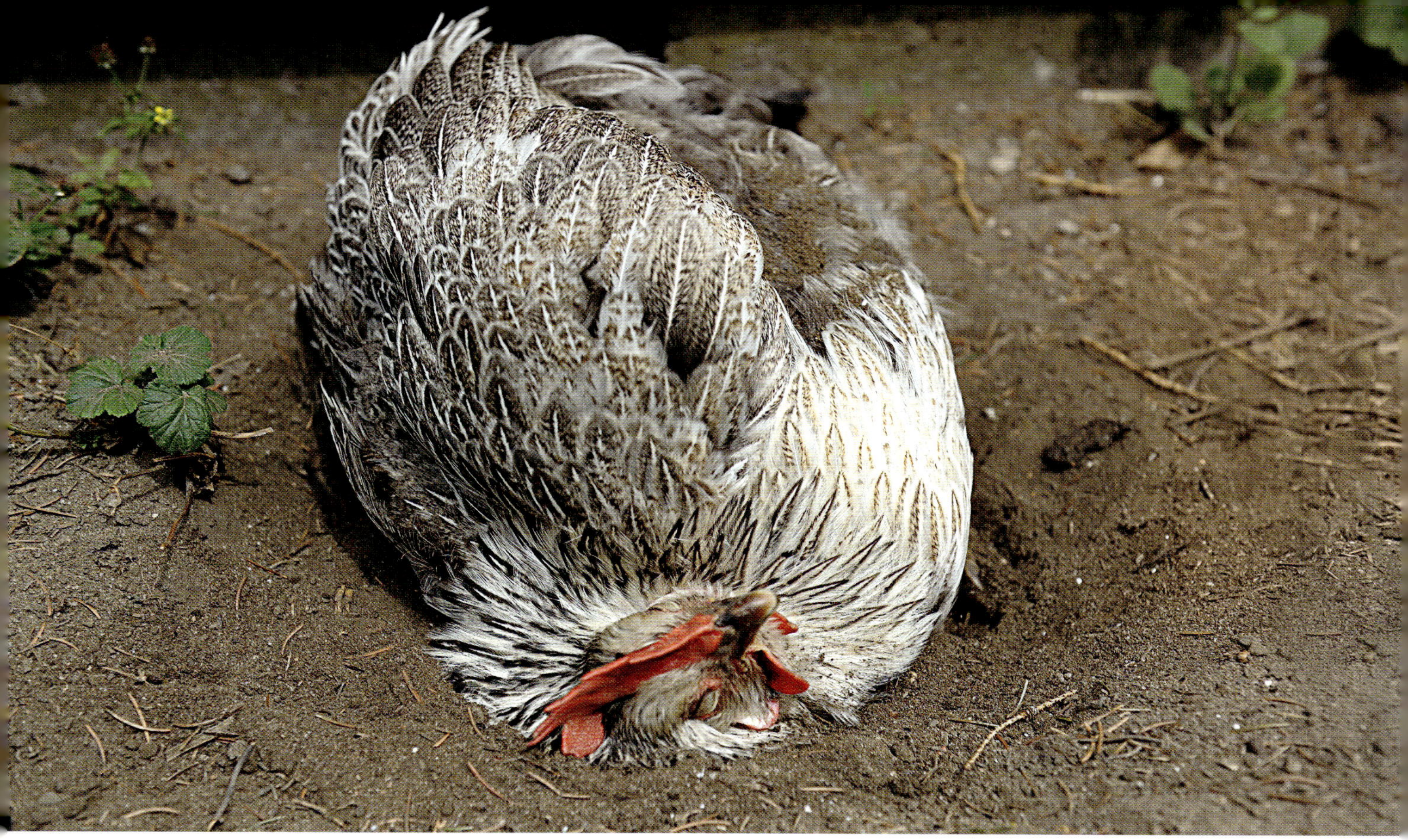

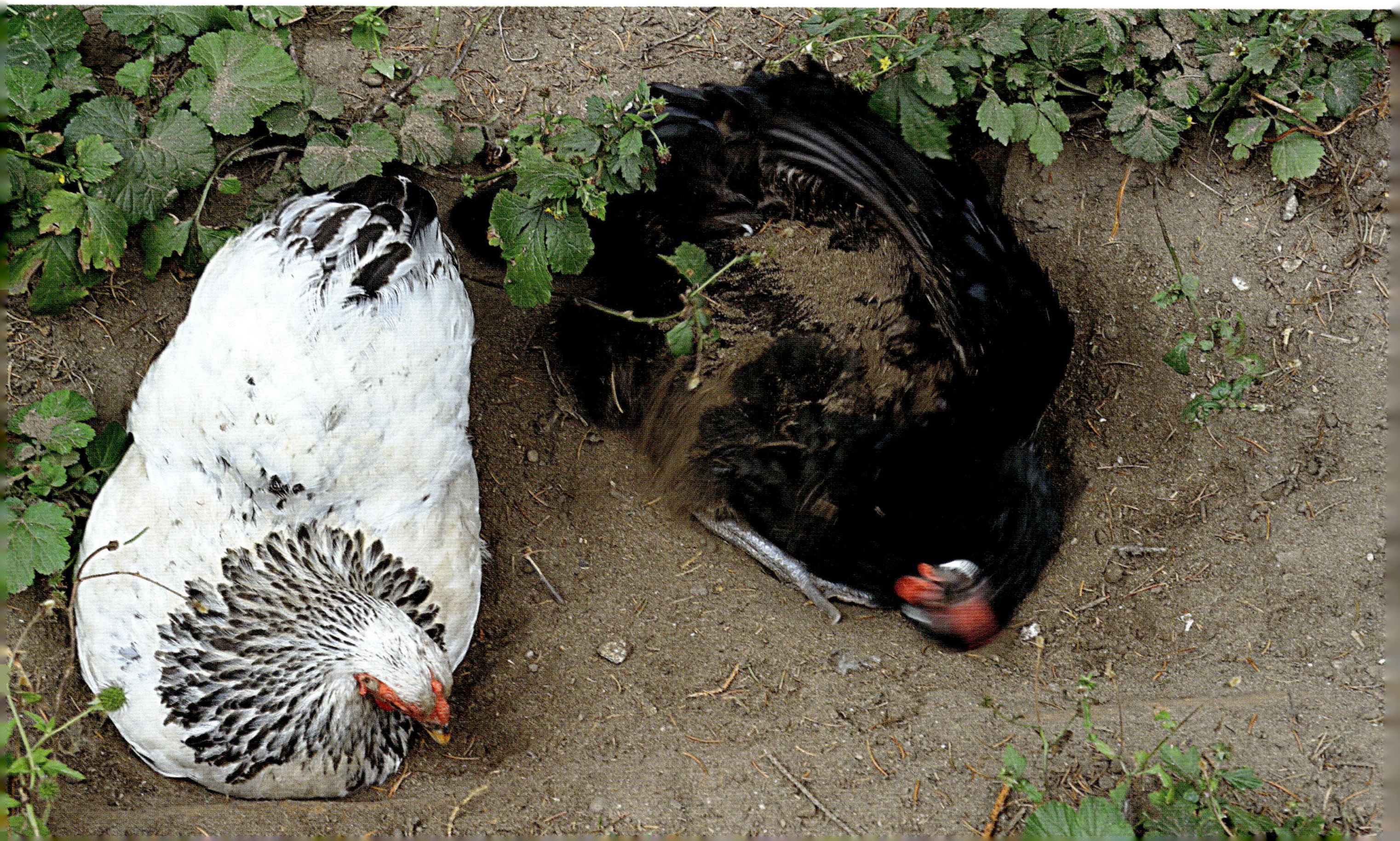

bekanntlich schön. Nun ist zwar die Eitelkeit von Hühnern noch unerforscht, doch tatsächlich spielt der Faktor „Schönheit" eine nicht unwesentliche Rolle im sozialen Hühnergefüge. Ein zerrupftes Hühnchen hat wenig Chancen auf einen oberen Platz in der streng gegliederten Rangordnung. Dies gilt auch für Hähne, die – wen wundert's – allerdings nur selten (sand)baden. Doch zu ihrer Ehrenrettung sei gesagt: Auch sie pflegen ihr Gefieder mit Inbrunst, und das lohnt sich, denn bei der Balz bringt ein schönes Federkleid Pluspunkte.

Primär dient das Putzen natürlich dem Funktionserhalt des Gefieders, das für die allgemeine Gesundheit des Huhns von großer Bedeutung ist – womit der Schluss, dass „Schönheit" eine höhere soziale Stellung bewirkt, auch aus evolutionärer Sicht Sinn macht. Das Gefieder bietet Schutz gegen Kälte, Hitze und zu starke Sonneneinstrahlung, es schützt vor Verletzungen und bildet die Voraussetzung zum – wenn auch nur begrenzten – Fliegen.

Aus der besonderen Bedeutung des Putzens ergeben sich für die artgerechte Haltung von Hühnern folgende Schlussfolgerungen: Krallen und Schnäbel dürfen weder durch mangelnde Möglichkeit des Abwetzens zu lang sein noch zu stark beschnitten werden, da beides das Putzen beeinträchtigt. Außerdem sollten Hühner Zugang zu einem Untergrund haben, der ihnen das Sandbaden erlaubt. Und: Die gesundheitliche Verfassung der einzelnen Tiere lässt sich gut am Zustand des Federkleides ablesen.

Genuss pur: Sandbaden mit allem, was dazugehört

Auch das elegante Seidenhuhn liebt den Sand.

Beim Sonnenbaden spreizen Hühner gern ihre Flügel.

Gehen bezüglich des frühen Tagesbeginns und der intensiven Körperpflege die Meinungen noch auseinander, so werden die meisten Menschen das hingebungsvolle Sonnenbaden der Hühner durchaus als beneidenswert betrachten. Schon in den ersten Sonnenstrahlen legen sich Hühner gern leicht auf die Seite, strecken den oberen Flügel und das obere Bein aus und lassen sich die Sonne auf die Hühnerhaut scheinen – denn das ist in eben dieser Stellung möglich.

Das geliebte Sonnenbad wirkt sich auch positiv auf die Gesundheit aus: Die UV-Strahlen töten schädliche Bakterien ab, und das Licht fördert den Aufbau von Vitamin D. Einen Platz an der Sonne sollte der Halter also für seine Hühner immer bereithalten.

Deutlich mehr Zeit als mit dem Sonnenbad verbringen Hühner jedoch mit der Futtersuche. Die aktivste Zeit ist dabei der frühe Morgen und der späte Nachmittag. Insgesamt sind Hühner fast die Hälfte des Tages am Scharren und Picken, und zwar in immer gleicher Weise: Zunächst wird ein Stückchen Boden mit den Krallen freigekratzt, dann geht es einen Schritt zurück, und das Picken beginnt. Dass es bei dieser Verhaltensform nicht allein um die Nahrungsaufnahme geht, zeigt sich, wenn man Hühnern einen gefüllten Futternapf hinstellt. Sie legen sich nun nicht etwa auf die faule Haut, vielmehr picken sie eifrig weiter – sofern es das Gelände erlaubt, und das sollte es bei einer artgerechten Haltung. Das angebotene Futter ist eine notwendige zusätzliche Nahrungsquelle, die das natürliche Verhalten der Nahrungssuche jedoch keineswegs ersetzt. Insofern ist auch das herkömmliche Streuen des Hühnerfutters vollauf sinnvoll. Wenn die Möglichkeit besteht, ist das Fressverhalten bei Hühnern immer mit Bewegung und Erkundung verbunden.

Um ein Korn aufnehmen zu können, muss das Huhn zum

Dieses gelockte Zwerg-Cochin hat sich ein ruhiges Sonnenplätzchen gesucht.

Fixieren desselben den Kopf immer wieder zurücknehmen, um dann gezielt zupicken zu können. Dafür hat das Huhn eine hervorragend ausgebildete Nahsicht – auch wenn es zum räumlichen Sehen mit jedem Auge einzeln hinsehen muss. Die Verarbeitung optischer Reize erfolgt schneller als beim Menschen. Weitsicht hingegen ist nicht des Huhns Sache – über etwa 40 Meter geht die Sicht nicht hinaus, was sich aus dem Lebensraum seiner Vorfahren erklären lässt: In dem durch Bäume oder Büsche geprägten Gelände war Weitsicht zur Feinderkennung kein probates Mittel. Da Hühner bevorzugt in Sichtweite des Stalls bleiben, ist ihr Aktionsradius nicht besonders groß, selbst wenn es die Umstände zulassen würden, wobei die einzelnen Rassen einen unterschiedlich stark ausgeprägten Freiheitsdrang haben. Ein ungeschütztes, freies Gelände mag dem Ordnungssinn des Menschen entsprechen, für Hühner jedoch sind solche Auslaufvarianten ungeeignet. Instinktiv sucht das Huhn stets nach Schutz, was in der Anlage des Außengeländes berücksichtigt werden sollte.

Die Futterauswahl erfolgt in erster Linie über optische Reize, denn der Geschmackssinn ist kaum ausgeprägt. Neben der Optik spielen aber auch Gewohnheit und Tastsinn eine Rolle. Generell sind Hühner Allesfresser, was nicht heißt, dass sie alles gleich gern fressen. Für ihre Vorlieben entscheidend ist, wie das Futter aussieht und wie es sich anfühlt. An Getreide steht zum Beispiel Weizen besonders hoch im Kurs. Neben Körnern werden unter anderem Pflanzenteile aller Art, Gras, Samen, Fallobst, Würmer, Insekten, Schnecken und sogar Mäuse verspeist. Allerdings kann man sich darauf nicht verlassen, Hühner haben auch individuelle Vorlieben, und manche weigern sich strikt, den Hühnerhalter von seiner lästigen Schneckenplage zu befreien. Alle Hühner jedoch haben ein instinktives Wissen darüber, was sie an Nährstoffen brauchen. In zahlreichen Versuchen hat man festgestellt, dass Hühner gezielt Nahrungsmittel mit den Nährstoffen

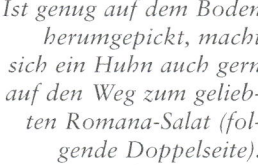

Ist genug auf dem Boden herumgepickt, macht sich ein Huhn auch gern auf den Weg zum geliebten Romana-Salat (folgende Doppelseite).

Überlebenswichtig: Hühner brauchen immer sauberes Wasser. Zum Trinken nehmen sie den Kopf in den Nacken.

und Mineralien auswählen, die sie zuvor nicht in ausreichendem Maße erhalten haben.

Die aufgenommene Nahrung wird in Ermangelung von Zähnen und Speichel mit der Zunge unzerkleinert in den Kropf befördert. Aufgequollen gelangt sie später in den Magen, wo Gastrolithen, mit der Nahrung aufgenommene Steinchen und Sandkörner, die Zerkleinerung übernehmen. Das machten sogar schon die Dinosaurier so. Nicht zu vergessen: Der Wasserbedarf eines Huhns ist doppelt so hoch wie der Bedarf an Futter. Es muss also stets frisches Trinkwasser verfügbar sein.

Ein – für Huhn und Hühnerhalter – wichtiger Tagesordnungspunkt ist bis jetzt gänzlich unerwähnt geblieben: „und legte jeden Tag ein Ei …". Dahinter verbirgt sich ein anstrengender Pflichttermin – zumindest für die Hennen, was sich auch an den nach nicht einmal

Viel weiter wird er nicht gehen, denn: Schwimmen können Hühner nicht.

zwei Jahren komplett ausgezehrten Tieren zeigt, die zum Hochleistungseierlegen gezüchtet werden. Zumeist am späteren Vormittag beginnt die Henne ein geeignetes Legenest zu suchen – manchmal sogar, sofern vorhanden, vom Hahn begleitet. Gewählt werden vor Lärm und öffentlichem Einblick geschützte, dunkle Orte mit einem weichen Untergrund wie zum Beispiel Stroh. Höher gelegene Legenester mit einer Anflugstange werden bevorzugt. Bei der Nestsuche sind die Hennen wählerisch und haben ihre individuellen, je nach Tagesverfassung auch wechselnden Vorlieben. Haben sie sich jedoch einmal entschieden, ist ihre Entschlossenheit groß, und nur sehr ungern lassen sie sich zum Beispiel durch eine andere legewillige Henne noch dazu bringen, ihre Standortwahl zu ändern. Ist das Nest groß genug, tritt dieses Problem ohnehin nicht auf, denn viele Hennen, eher gesellig als verschämt, legen ihre Eier gern in Gesellschaft. Auch fremde Eier im Nest werden keineswegs als störend empfunden. Im Nest angekommen, ruht die Henne zumeist für einige Zeit, bevor sie zur Eiablage in die sogenannte Pinguinstellung geht: Steil aufgerichtet, Kopf in Richtung Brust und Schwanzfedern zum Rücken gezogen legt sie ihr Ei. Auf dem Gelege sitzend erholt sie sich, bis sie laut gackernd wieder zur Herde stößt, nicht selten abgeholt vom fürsorglichen Hahn.

Der hat mit dem Ei ansonsten bekanntlich nicht zwangsläufig etwas zu tun, denn Hennen scheiden ihre Eizellen auch als Ei aus, wenn keine Befruchtung stattgefunden hat. Manchmal ist der Gockel natürlich schon mit von der Partie, wobei in der Haremsstruktur etwa sechs bis zwölf Hennen auf einen Hahn kommen.

Der Tretakt, wie man den Geschlechtsakt bei Hühnern nennt, findet meist in den späten Nachmittagsstunden statt. Ihm voran geht das Balzverhalten, wobei es der Hahn oft doch eher eilig zu haben

*Diese Glucke fühlt sich
sichtlich wohl in ihrem
geschützten und mit
Stroh gepolsterten Nest.*

scheint. Zum Balzverhalten zählen mehrere jeweils unterschiedlich stark ausgeprägte Verhaltensformen, so das Imponiergehabe – der Hahn schlägt mit den Flügeln und sträubt imposant die Halsfedern –, das Anlocken der Hennen mit Futter und auch das Walzen: den von der Henne abgewandten Flügel gespreizt, bewegt sich der Gockel wie stolpernd um die Henne herum. Flüchtet die Henne, jagt der Hahn ihr häufig nach. Dabei nimmt er die als „Puterhaltung" bezeichnete Körperhaltung ein: gestreckter Hals, die Flügel straff nach unten, gefächerte Schwanzfedern und gesträubtes Gefieder. Duckt sich die Henne, ist das Ausdruck ihrer Paarungsbereitschaft. Für den Hahn ist es das Zeichen, sich in das Gefieder der Henne zu krallen. Dabei spreizt er seine Flügel für eine bessere Balance und presst seine Kloake auf ihre; eine Angelegenheit von wenigen Sekunden.

Bei Hühnern sagt man: Der Hahn tritt die Henne.

Anschließend walzt der Hahn noch ein wenig, und die Henne schüttelt ihr Gefieder. Noch zwei Wochen nach dem Tretakt kann die Henne befruchtete Eier legen.

Bei der Partnerwahl spielen Art, Aussehen und Rangordnung eine Rolle: Beide Geschlechter bevorzugen eher die eigene Art und gesunde Tiere mit gepflegtem Gefieder. Ranghöhere Hähne kopulieren häufiger, während rangniedere Hennen sich häufiger ducken. Auch ist zu beobachten, dass Hennen bei intensiverem Umwerben mehr Bereitschaft zeigen.

Oft gehört die Kopulation, sofern ein Hahn in der Herde vorhanden ist, zu den letzten Programmpunkten des Tages. Es wird noch etwas herumgepickt, und dann geht es zur Nachtruhe. Dafür bevorzugen Hühner noch aus ihrer „wilden Zeit" erhöhte und damit vor Feinden geschützte Sitzplätze, die ihnen der Hühnerhalter mit Sitzstangen leicht ermöglichen kann.

Betrachtet man den Hühnertag genauer, zeigt sich also, dass die Aussage „hätt' nicht viel zu tun" relativ ist. Zwar wirken „glückliche" Hühner nicht eben gestresst, doch sie sind viel in Bewegung. Pro Tag legen Sie immerhin ein bis zwei Kilometer zurück, erkunden ihre Umwelt gründlich mit Füßen und Schnabel und verwenden neben der Futtersuche viel Zeit auf das Putzen. Ein „faules" Huhn ist oft ein krankes Huhn. Spätestens wenn ein Huhn einen apathischen Eindruck macht, sollte der Hühnerhalter aufmerksam werden.

Hühner können sich liegend oder stehend ausruhen – auch auf einem Bein.

Wie Paradiesvögel: Ein Lachshuhn und ein roter Seidenhahn ruhen an erhöhtem Ort.

Die Hühnerhorde

oder *Das Sozialleben des Huhns*

Hühner sind Herdentiere, sie brauchen Artgenossen – und sie können sich gegenseitig auseinanderhalten. Man geht davon aus, dass ein Huhn bis zu etwa 80 Herdenmitglieder wiedererkennt. Diese Fähigkeit ermöglicht überhaupt erst das rege Gemeinschaftsleben mit den klaren und dabei dynamischen Strukturen, der Rangordnung. Glucken haben eine höhere Stellung inne als „Singles", mit zunehmendem Alter rückt Huhn auf, und ein schönes Gefieder hilft immer bei der Karriere. Die Mauser wirft allerdings alljährlich zurück. Das ranghöchste Tier ist, sofern vorhanden, in den meisten Fällen ein Hahn. Er nimmt eine Sonderstellung ein, hat immer Vorrecht und fungiert als Beschützer und Regulator in der Herde. In reinen Damengesellschaften übernimmt eine der älteren kräftigen Hennen

Hühner haben eine ausgeprägte Körpersprache: Keine Frage, welche Henne hier in der Rangordnung höhersteht.

In einer solch überschaubaren Herde kennt man sich untereinander.

diese Rolle, die sie sich auch nicht von jedem hergelaufenen neuen Hahn nehmen lässt. Da muss er schon kräftig, schön und am besten von derselben Rasse sein.

Gibt es also einerseits eine ausgemachte Rangordnung in der Hühnerschar, die in der Interaktion gelebt und bestätigt wird, so unterliegt diese andererseits Veränderungen, die mehr oder weniger ausgefochten werden. Besonders unruhig wird es, wenn aus Küken Junghennen und -hähne werden. Mit der Entwicklung der Geschlechtsreife im Alter von etwa einem halben Jahr greifen die Jungtiere in die Rangordnung ein, kämpfen sie untereinander und in der Herde aus – bis die Verhältnisse erst einmal wieder vorübergehend geklärt sind. Mehrere Hähne in einer Hühnerschar bringen allerdings häufig dauerhaft Unruhe mit sich, da sich die Nebenbuhler immer wieder attackieren.

Ein Huhn, das eine untere Stellung in der aktuellen Rangordnung einnimmt, kann von den Ranghöheren jederzeit vertrieben werden und hat weniger Zugang zu den Futterressourcen. Durch eine geduckte Haltung erkennt es die Vorrangstellung des anderen an. Wie sehr die rangniederen Tiere durch aggressives Jagen und Picken drangsaliert werden und wie häufig Rangordnungskämpfe erforderlich sind, hängt sehr von den äußeren Bedingungen und vor allem vom Platzangebot ab. Zum einen provoziert Platzmangel Aggressionen: Mögen es Hühner beim Schlafen eher kuschelig, müssen sie beispielsweise beim Fressen eine gewisse Distanz voneinander halten können. Zum anderen verhindert Platznot das friedliche Austragen von Auseinandersetzungen – die Tiere können sich nicht aus dem Weg gehen. In eben dieser Form werden Situationen, die sonst zu Kämpfen führen würden, in der Hühnerwelt häufig ausgetragen: mit Imponiergehabe auf der einen und Ducken auf der anderen Seite läuft man umeinander herum. Zwar kommt es bei Hennen wie bei Hähnen auch immer einmal zu kämpferischen Auseinandersetzungen, bei denen die Federn fliegen – Hähne versuchen dem Gegner zusätzlich den Sporn gegen Kopf oder Brust zu rammen –, doch über weite Strecken ist das Treiben auf dem Hühnerhof ein Bild der Harmonie: Man pickt gemeinsam nach Körnern, gackert fröhlich vor sich hin, liegt zusammen in der Sonne, legt Eier in dasselbe Nest und

Gleich fliegen die Federn, denkt man ...

rückt nachts eng zusammen. Stets stehen die Hühner durch Laute und Berührungen im sozialen Kontakt. Nicht selten pickt die eine Henne der anderen sanft den Staub aus dem Gefieder, was die andere sichtlich genießt.

Von ganz anderer Natur sind hingegen die heftigen Pickattacken, die einige Hühner an den Tag legen. Sie bepicken das Gefieder anderer Hennen mit einer solchen Heftigkeit, dass diese froh sein können, wenn sie bloß mit kahlen Stellen davonkommen, denn schon manche Henne ist zu Tode gepickt worden. Liegt erst einmal Haut frei oder ist gar Blut im Spiel, gibt es oft kein Halten mehr: Auch die anderen Hühner werden diese Stelle nun bepicken. Gefördert werden Pickattacken durch zu wenig Platz, fehlende Möglichkeiten, Abwechslung im Hühneralltag zu finden, oder auch durch Mangelernährung. Sind die Nester zu öffentlich, können die Genossinnen durch die nach der Eiablage noch ausgestülpte Kloake zum Picken animiert werden. Sind die Nester so unattraktiv, dass die Hennen sie noch mit

... doch weit gefehlt: Diese beiden Streithähne können sich vorbildlich friedlich einigen – mit Gesten und Sich-aus-dem-Weg-Gehen.

ausgestülpter Kloake verlassen, besteht dieselbe Gefahr. Leider ist – wenn auch viel seltener – Federpicken selbst bei Hühnern zu beobachten, die, mit einem fürsorglichen Halter gesegnet, als glückliche Hühner gelten. Abgesehen von solchen Ausnahmeerscheinungen führen Hühner bei artgerechter Haltung ein reges und funktionierendes Gemeinschaftsleben, zu dem neben

Ob Ruhen oder Fressen – die meisten Tätigkeiten verrichten Hühner gemeinsam; der Fressnapf sollte deshalb groß genug sein.

den Regularien der Rangordnung und den vielen instinktiv gemeinschaftlich ausgeführten Verhaltensformen auch die Kommunikation ihren Beitrag leistet. Verhaltensforscher aus der Schweiz haben in langwierigen Untersuchungen insgesamt 25 Lautäußerungen bei

Hühnern festgestellt, denen sie jeweils eine bestimmte Bedeutung zuordnen konnten. Dabei ist der Schrei, mit dem der Hahn seinen Revieranspruch herauskräht, zwar der offensichtlichste, jedoch nur einer unter vielen für das Gemeinschaftsleben wichtigen Laut-

Man scheint sich gut zu unterhalten.

„Hast du das gesehen?!"

äußerungen. Bekannt sind vielleicht noch das Glucksen der brüten-
den Glucke und das Legegackern nach der Eiablage, doch beispielsweise auch zum Klarstellen der Rangfolge und bei der Annäherung
von Feinden äußern die Hühner jeweils ganz bestimmte Laute. Dabei
unterscheiden sie auch zwischen Feinden, die sich am Boden, und
solchen, die sich aus der Luft nähern.

Solchen Warnlauten folgt zumeist die Flucht, denn Hühner vermeiden in aller Regel den Kontakt mit dem Feind. Bei großer Gefahr ver-
fallen sie oft zunächst in eine Art Totenstarre, in der sie auf keinerlei
Reize mehr reagieren. Das instinktive Meiden von weiträumigen
Freiflächen hilft, solche Situationen von vornherein möglichst zu
minimieren. Besonders der Hahn fühlt sich bei Gefahr für sich und
seine Hennen jedoch auch einmal zur Attacke verpflichtet. Unange-
nehme Folgen kann das haben, wenn der Störenfried ein mensch-
licher ist. Schon der Schock ist groß, wenn ein Hahn sich richtig auf-

plustert und mit Drohgebärden auf einen zukommt, größer ist er, wenn er einen anspringt, und schmerzhaft sind die Wunden, wenn er hackt und kratzt. Bei Hähnen, die sich leicht angegriffen fühlen und dann eher den offensiven Weg wählen, ist also Vorsicht geboten.

Das Gruppenleben der Hühner stellt bestimmte Anforderungen an eine artgerechte Haltung. Nicht nur brauchen Hühner genug Platz, auch dürfen die Herden nicht zu groß sein: Kann das Mithuhn nicht erkannt werden, funktioniert die regulierende Wirkung der Rangordnung nicht, Stress entsteht. Werden Hühner in größerer Zahl gehalten, sollte räumlich zumindest die Möglichkeit zur Bildung stabiler Untergruppen bestehen, die bestenfalls jeweils von einem Hahn geführt werden.

Erschrecken sie sich, sind Hühner auch schon mal schneller unterwegs.

Ach du dickes Ei!

Formvollendet und zerbrechlich

Vielleicht führt die Frage, ob zuerst das Huhn oder das Ei da war, in eine vollkommen falsche Richtung. Mit Fug und Recht könnten nämlich die Hühner empört sagen: „Philosophische Spitzfindigkeiten! Wir möchten viel eher geklärt wissen, wem das Ei überhaupt gehört." Der Henne, die es mühsam legt, oder dem Menschen, der es ihr als Eierdieb tagtäglich klaut, um seinen Bedarf an Protein zu decken? Ein Ei ist nämlich nicht nur höchst zerbrechlich, sondern auch ökonomisch bedeutend. Das kostet so viel wie „ein Apfel und ein Ei", sagt man, wenn man finanziell eher Geringfügiges meint. Doch beim Ei macht's die Menge: Allein in Deutschland werden jährlich konstant um die 10 Milliarden Eier erzeugt, die tatsächlich zur Hälfte in den privaten Haushalten verbraucht werden. Die restliche Hälfte teilen sich die lebensmittelverarbeitende Industrie sowie Großküchen und Bäckereien. Träten die Hühner in den Legestreik, sähe es düster aus um die Rührei-, Kuchen- oder Nudelproduktion, denn eine jede Henne in Deutschland ist an diesem Anteil mit rund 250 bis 290 Eiern pro Jahr beteiligt.

Wie viele Eier eine Henne im Lauf ihres Lebens legen kann, ist schon prädisponiert, wenn sie gerade selbst aus dem Ei geschlüpft ist, denn die Anlagen zum Eierlegen sind schon bei der Geburt in den Eierstöcken vorhanden. Wie schnell diese Eier dann aber tatsächlich im Lauf eines Hühnerlebens gelegt werden, hängt von den Kriterien Rasse, Alterstadium, Umgebungstemperatur, Tages-

lichtlänge und Ernährung ab. Hennen beginnen schon mit vier bis fünf Monaten zu legen. In dieser Periode sind sie am produktivsten. Nach der ersten Mauser legen sie meist weniger zahlreich, dafür oft größere Eier. Mit zunehmendem Alter wird ihre Fähigkeit, Eier zu legen, immer begrenzter.

Außerdem ist das Eierlegen ein wahres Wunder der Natur, denn die Henne braucht dazu kein männliches Pendant! Die Henne legt, ob befruchtet oder nicht, ein Ei. Der Vorgang beginnt damit, dass eine Eizelle zu einer Dotterkugel heranwächst. Zunächst ist diese noch umschlossen von der Follikelhaut, die aber platzt, wenn der Dotter zu groß wird. Dann geht der Dotter auf Reisen: Im Eileiter wird er von einer Schicht Eiklar umhüllt, die von der – zu Anfang noch sehr dünnen – Schalenhaut umgeben ist. Bindegewebe verbindet Dotter und Schale. Weil sich bei der Passage durch den Eileiter das Ei ständig dreht, erhält es sein formvollendetes Design. Erst im sogenannten Eihalter bildet sich die Schale, die aber keineswegs so undurchlässig ist, wie sie von außen scheint. Winzige Poren ermöglichen einen Gasaustausch zwischen dem Inneren und dem Äußeren des Eis. Für den Geschmack spielt es übrigens keine Rolle, ob das Ei befruchtet ist oder nicht. Wenn ein Ei allerdings angebrütet wird, entstehen relativ schnell Blutgefäße auf dem Dotter, und ein Küken entwickelt sich. Eier, die im Handel erhältlich sind, sind in der Regel unbefruchtet.

So, wie die dümmsten Bauern auch nicht immer die dicksten Kartoffeln ernten, legt nicht das größte Huhn auch die größten Eier. Eher das Gegenteil ist der Fall. Die Eier des mächtigen Brahma zum Beispiel sind eher zwerghuhnkompatibel, während hochgezüchtete Legebatteriehühner unverhältnismäßig überdimensionierte Eier legen – was ihrer Gesundheit nicht gerade zuträglich ist.

Dass Hühner zu Ostern vermehrt Eier produzieren, ist übrigens ein Gerücht. Sie erhalten dafür tatkräftige Hilfe vom Osterhasen. Und das schon seit dem 5. Jahrtausend v. Chr., denn der Brauch, gefärbte Eier zu verschenken, geht auf das keltisch-germanische Ostara-Fest zurück.

Gockel und Glucke

oder *Eine funktionierende Rollenverteilung*

„So ein Gockel!" – ein Urteil in drei Worten, und alle wissen, was gemeint ist. Den Hahn würde diese Einschätzung nicht beschämen, und in mancherlei Hinsicht ist der Gockel auch tatsächlich ein Gockel: Er stolziert herum, plustert sich auf, gockelt vor sich hin – und hat gern viele Weibchen um sich. Bis zu 15 verschiedene Hennen können aktive Hähne bestimmter Rassen regelmäßig befruchten. Monogam ist anders. Das soziale Hühnerleben vollzieht sich in der Herde, die Zweierbeziehung entfällt als Konfliktpotenzial.

Ganz Gockel, ist es natürlich auch der Hahn, der kräht. Bis zu einer Entfernung von zwei Kilometern ist der Standort für seine Schar unüberhörbar, der Revieranspruch deutlich. Sind mehrere Hähne in der Umgebung, können sie sich in einen regelrechten Wettstreit krähen – nicht immer zur Freude der menschlichen Nachbarschaft. Aber auch manch ältere Henne, die in Ermangelung eines Hahnes oder der fehlenden Durchsetzungsstärke desselben an der Spitze der Rangordnung steht, versucht sich durchaus erfolgreich im Produzieren von Krählauten.

Plustert ein großer Hahn sich auf, wird nicht nur der Henne mulmig. Und das macht Sinn. Als oberstes Glied der Gruppe verteidigt der Hahn sich und seine Hennen gegen Feinde oder solche, die er dafür hält. Und das nicht etwa nur mit Imponiergehabe. Wenn nötig, setzt er im Kampf geschickt Sporn, Krallen

Gekräht wird nicht nur morgens.

Dieser schöne Hahn hat es bestimmt einfach, von seiner Herde als Alphatier akzeptiert zu werden.

und Schnabel ein. Dazu kommt es jedoch eher selten, denn übergeordnetes Prinzip ist das Feindvermeidungsverhalten. Mit Warnlauten leitet der Hahn die Flucht ein.

Die Rolle des Hahns in der Herde ist jedoch nicht begrenzt auf Schutz und Fortpflanzung. Er hält seine Hühnerschar beisammen und reguliert das soziale Leben. Er wirkt im Miteinander der Hennen sehr befriedend, betätigt sich zuweilen sogar aktiv als Streitschlichter. Und er ist galant. Manchmal jedenfalls. Oft begleitet er die Henne zum Nest, ist gelegentlich sogar an der Nestsuche beteiligt und, hört er das Legegegacker, holt er die Henne zurück zur Herde. Stolz präsentiert er seinen Damen Futter, das er gefunden hat. Dafür wird er, hat er sich einmal durchgesetzt, unangefochten als oberstes Glied in der Rangordnung anerkannt.

Insgesamt nimmt der rangoberste Hahn in der Hühnerschar eine mit vielen Funktionen verbundene Sonderstellung ein. Auch jüngere Hähne ordnen sich ihm unter – allerdings kommt es dennoch immer wieder zu Attacken, und auch untereinander pflegen die Junghähne, sind sie schon geschlechtsreif, keineswegs einen harmonischen Umgang miteinander. Erstaunlicherweise sorgen mehrere Hähne in

Hier ist jemand sehr wütend, und wenn er erst mal richtig wütend ist … Dieser Sachsenhahn hat einige Möglichkeiten, sich Respekt zu verschaffen, in seiner Herde für Ordnung zu sorgen, zu regeln, wer an den Fressnapf darf und wo es langgeht.

Der Hahn richtet sich auf: Nun ist es genug mit der Fotografiererei – die Fotografin hatte den Fluchtweg stets im Blick.

einer Hühnerschar auch nicht etwa für mehr, sondern wegen des vermehrten Stresses für weniger befruchtete Eier. Der Hahn möchte eben Hahn im Korb sein. Günstig ist es daher immer, wenn bei einer größeren Anzahl von Hennen jeder Hahn seinen eigenen Harem hat. Ob das gelingt, hängt sowohl von den räumlichen Gegebenheiten als auch von den jeweiligen Hähnen ab.

Doch eines steht unwiderruflich fest: Eier legen kann der Gockel nicht. Eben deshalb finden ihn manche Hühnerhalter, die nicht an Nachwuchs oder Zucht interessiert sind, überflüssig. Zwar übernimmt in einer hahnlosen Schar tatsächlich oft eine ältere Henne die regulierenden Funktionen, die sonst dem Hahn zukommen, doch dem artgerechten Sozialleben der Hühner entspricht die Haremsstruktur.

Die Küken schlüpfen meist alle an einem Tag, und die Glucke wartet, bis es alle geschafft haben.

Die Hennen haben Glück – zumindest in artgerechter Haltung: Sie machen sich durch ihre schmackhaften Eier viele Freunde. Ganz nebenbei dienen diese auch der Vermehrung – zumindest, wenn sie befruchtet sind und ausgebrütet werden. Warum überlassen uns die Hennen ihre Eier also so freigiebig? Sicherlich nicht, um dem Hühnerhalter eine Freude zu machen, sondern weil selbiger das Ei aus dem Nest entfernt hat. Hennen brüten erst, wenn sie mehrere – je nach Rasse unterschiedlich viele – Eier im Nest spüren und dadurch hormonell entsprechend stimuliert werden. Mit steigender Zahl an Eiern bleibt die Henne zunehmend länger auf dem Nest, bis schließlich das eigentliche Brüten beginnt.

Allerdings werden Hennen auch bei mehreren Eiern nicht zwangsläufig glucksch. Die Lust zum Brüten hängt sehr von der Rasse ab – manchen wurde sie regelrecht abgezüchtet –, aber auch von der Jahreszeit bzw. Tageslichtlänge und Temperatur, von der einzelnen Henne und den äußeren Bedingungen. Bevorzugte Brutzeit ist April bis Juli, der Brutlust zuträglich sind eine artgerechte Haltung, ein guter körperlicher Zustand und ein ruhiger, abgedunkelter Nistplatz. Zum Unglück vieler Hobbyzüchter stehen einige Hennen, die bereits

Glucken sind ihrem Ruf gemäß fürsorgliche Mütter.

Nicht immer lassen sich die Verwandtschaftsverhältnisse genau bestimmen, legen doch gern mehrere Hennen ihre Eier in einem Nest ab.

Geschwistertalk

begonnen haben zu brüten, dann doch zu früh von der Brut auf – sei es wegen wenig ausgeprägter Brutlust oder weil sie sich gestört fühlen. Da Hennen auch fremde Eier ausbrüten, werden solchen mit stark ausgeprägten Gluckeninstinkten häufig Eier von Hennen untergelegt, die weniger brutfreudig sind.

Wird die Henne glucksch, ist das kaum zu übersehen. Nicht nur, dass sie sich immer länger im Nest aufhält, sie beginnt auch tatsächlich zu glucken – immer häufiger stößt sie die unverwechselbaren Gluck-Laute aus. Annäherungsversuchen von Artgenossen oder auch anderen Wesen begegnet sie mit aufgeplusterter Abwehr. Das Brustgefieder wird dünner, und beginnt die eigentliche Brutzeit, in der die Henne das Nest kaum noch verlässt, werden die äußerlichen Veränderungen noch offensichtlicher: Sie verliert deutlich an Gewicht, das Gefieder wird borstig, der Kamm wird blass und schrumpft etwas ein, der Bauch ist fast federlos und zeigt Brutflecken. Die Henne scheint vollkommen in sich zu versinken, verharrt fast bewegungslos; leidenschaftlich wird sie, wenn es darum geht, das Gelege zu verteidigen. Bis zum dritten Tag vor dem Schlüpfen dreht sie die Eier regelmäßig, sodass der Dotter nicht an der Schale festkleben kann und die Eier gut temperiert sind. Wenn die Glucke etwa einmal täglich für 20 Minuten das Nest verlässt, frisst sie, weil der Stoffwechsel stark reduziert ist, nur wenig, trinkt und kotet.

Nach sieben Tagen Brutzeit misst das Küken etwa zwei Zentimeter und ist mit einer Schierlampe, mit der aufgrund der besonders starken Leuchtkraft die Eier durchleuchtet werden können, durch die Eierschale schon auszumachen. Etwa am elften Tag hat sich die Größe des Kükens verdoppelt, am 13. Tag beginnt der Flaum zu wachsen, und um den 18. Tag herum setzt die Lungenatmung ein. Etwa zwei Tage vor dem Schlupf ist dann schon richtig etwas los im Gelege: Die Küken bewegen sich viel und, noch erstaunlicher, beginnen noch im Ei hockend zu piepsen. Die lautliche Verständigung untereinander und mit der Glucke beginnt. Die Henne reagiert mit dunklen Glucklauten – bereits hier setzt die Prägung ein, die den Zusammenhalt des Familienverbandes überhaupt erst ermöglicht.

Nach 21 Tagen, bei Zwergrassen nach 19 Tagen, ist es dann so weit: Die Küken, inzwischen etwa 50 Gramm schwer, befreien sich – zumeist alle am selben Tag – selbst aus dem Ei. Mit dem

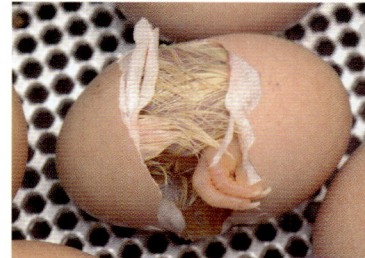

Das Leben beginnt anstrengend: Zum Schlüpfen braucht das Küken einige Kraft.

Mit dem Hudern schützt die Glucke ihre Küken und hält sie warm.

Eizahn, einem Hornhöcker auf dem Schnabel, wird die Schale ange-
pickt. Um die Eischale wirklich zu „sprengen", brauchen die Küken
einige Kraft, besonders in den Beinen und den Halsmuskeln. Im Nest
angekommen, werden die Kleinen getrocknet, bis sie schön flauschig
sind. Die ersten zwei Tage zehren sie noch von den Nährstoffen des
Dotters und brauchen kein Futter. Ohne Gefieder sind sie zunächst
vor allem auf Wärme angewiesen. Bald ist auch Wasser wichtig, denn
Küken dehydrieren relativ schnell.

Zehn Tage ist das kleine Araucana alt, das der Brahma-Glucke als Ein-tagesküken „untergeju-belt" wurde. Sie hat es voll akzeptiert und zeigt ihm nun, wie das mit dem Fressen so geht.

Sind alle Küken geschlüpft, hält es keines mehr im Nest. Küken sind Nestflüchter, und auch die Glucke verspürt nach der Brutzeit einen großen Freiheitsdrang. Weit entfernt man sich in den ersten drei Tagen allerdings noch nicht vom Nistplatz. Sogleich fängt die Glucke an zu scharren und Futterlockrufe auszustoßen; so zeigen die Küken das typische Fressverhalten, kaum sind sie dem Ei entschlüpft.

„Was für eine Glucke!" – auch hier weiß jeder sofort, was gemeint ist, und auch die Glucke ist eine wahre Glucke während der ersten Wochen. Stets bleibt der Sozialverbund aus Glucke und Küken eng zusammen. Sondert sich ein Küken unbedachterweise etwas ab, lässt es das „Verlassenheitsweinen" hören, und die Glucke eilt herbei, um den Abtrünnling einzusammeln. Die Küken werden umsorgt und gewärmt: Immer wieder suchen sie Zuflucht bei der hudernden Henne, die ihr Gefieder aufplustert und die Küken damit bedeckt. Dies ist nicht nur als Wärmequelle unabdingbar, sondern dient auch als Schutz. In den ersten zwei Wochen werden die Küken immerhin etwa 15 Mal täglich gehudert. Auch wenn Gefahr droht oder sich jemand zu nah an die Küken heranwagt, ist die Glucke ganz Glucke: Sie verteidigt ihre Nachkommen leidenschaftlich, sich nähernde Hennen oder Hähne werden ebenso attackiert wie Feinde. Auch der Hühnerhalter ist nicht gern gesehen.

Voraussetzung für dieses Verhalten ist die Prägung, die bereits vor dem Schlüpfen beginnt und in der 13. bis 16. Lebensstunde am intensivsten stattfindet. Die Küken können ihre Glucke an Aussehen und Stimme erkennen und werden zielstrebig immer bei ihr Schutz suchen. Die Glucke erkennt das spezifische Piepsen ihrer Küken – ihre Fürsorge orientiert sich an akustischen Reizen. Wegen der zentralen Bedeutung der Prägung kann man einer Glucke auch nur in den ersten Tagen, am besten jedoch in den ersten Stunden nach dem

Es fällt schwer, da nicht zu sagen: „Oh, wie süß!"

Auf Erkundung

Schlupf ihres Geleges, fremde Küken „untermogeln". Oft nimmt sie diese dann als ihre eigenen an – was in der Züchtung eine große Rolle spielt.

Im Alter von etwa 16 Tagen vergrößern die Küken ihren Bewegungsradius, sie entfernen sich schon einmal etwas weiter von der Glucke, scheinen vor Unternehmungsgeist zu strotzen, springen einander an, flattern herum. Dies ist die einzige Zeit, in der bei Hühnern eine Art Spielverhalten zu beobachten ist. Dabei zeigen die Küken zugleich große Neugier und ängstliche Vorsicht: Scheinbar schon recht selbstständig scharren sie herum, doch beim kleinsten Schreck rennen sie zur Glucke oder piepsen sie herbei. Der Familienverband hat noch immer große Bedeutung. Etwa in der fünften Woche können sich die Küken dann selbstständig ernähren, und das Gefieder ist so weit ausgebildet, dass sie auch ohne den wärmenden Schutz der Glucke auskommen. Auch das Aufbaumen bzw. das Schlafen auf den Sitzstangen haben sie bereits erlernt. Viel Zeit bleibt ihnen nun auch nicht mehr in der Obhut der Glucke.

Der scheint es nämlich keineswegs schwerzufallen, die Jungtiere eines Tages komplett sich selbst zu überlassen. Etwa nach knapp zwei Monaten entfernt sie sich mehr oder weniger abrupt, oft in Begleitung des Hahns, von den Küken, lässt sie nicht mehr an sich heran und hackt sogar nach ihnen. Es hat sich ausgegluckt; der Nachwuchs wird nicht mehr beachtet. Bei den Jungtieren beginnt nun die „Pubertät", das spielerische Verhalten geht allmählich in Rangordnungskämpfe über.

Wann ist das Huhn ein Huhn?

oder Was Hühner mit Dinosauriern zu tun haben

In der biologischen Systematik der Tiere gehört das Haushuhn *(Gallus gallus domesticus)* zur Art des Bankivahuhnes *(Gallus gallus)*, von dem bereits die Rede war, das wiederum der Gattung der Kammhühner *(Gallus)* zugeordnet wird. Die übergeordnete Familie der Kammhühner ist die der Fasanenartigen *(Phasianidae)*, die zur Ordnung der Hühnervögel *(Galliformes)* und zur Klasse der Vögel *(Aves)* gehört.

Was nun wiederum bedeutet: Hühner sind Vögel und sollten eigentlich fliegen können. Können sie auch, allerdings mehr schlecht als recht. Hatten die wilden Vorfahren unserer heutigen Haushühner durchaus beachtliche Flugerfolge vorzuweisen, ist den heutigen Haushuhnrassen diese Fähigkeit weitestgehend abhanden gekom-

Die normale Fortbewegungsart ist das langsame Gehen, doch es geht auch schneller, und das eher zu Fuß als im Flug.

Ein weitläufiger Verwandter unseres Haushuhns: das Präriehuhn

Bis auf einige Ausnahmen zeigen Hühner diese Zehenstellung: Drei Zehen zeigen nach vorn und eine nach hinten.

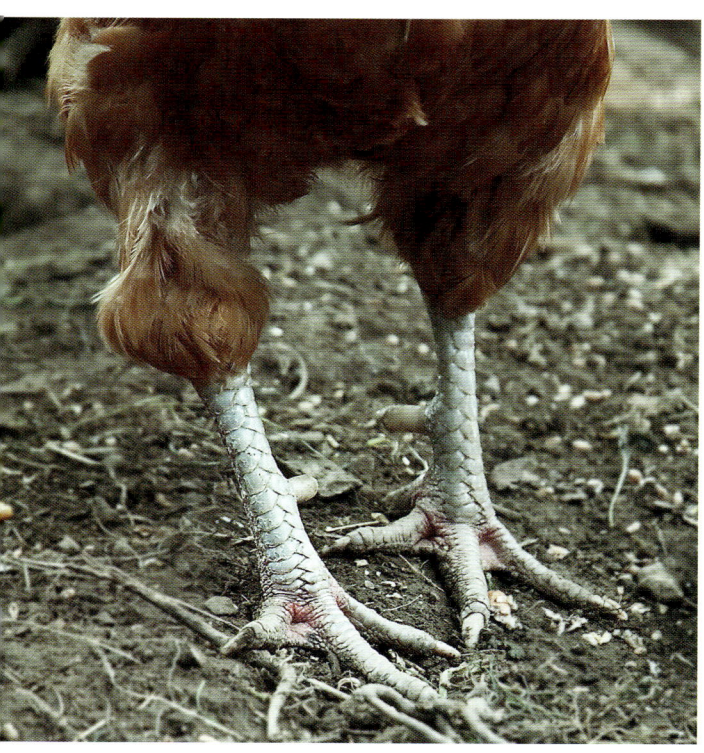

men. Dennoch sollte man die Fähigkeit nicht unterschätzen. Schon mancher Hühnerhalter fand sein abgängiges Huhn in Nachbars Garten wieder; für gute Flieger wie Appenzeller Spitzhauben ist auch ein Zwei-Meter-Zaun kein wirkliches Hindernis.

Die oben beschriebene Systematik macht aber auch Verwandtschaftsverhältnisse deutlich: Die Truthühner beispielsweise, in Nordamerika vor allem zu Zeiten des Thanksgiving beliebt, gehören ebenfalls zu den Fasanenartigen, bilden aber eine eigene Unterfamilie. Eine eigene Gattung unterhalb der Fasanenartigen stellen auch die Rebhühner dar. Gleich nah – oder auch weit – entfernt verwandt mit unserem Huhn ist die Wachtel, ebenfalls eine eigene Gattung. Verwandt, wenn auch nur weitläufig, mit unseren Haushühnern sind Auerhuhn und Birkhuhn. Diese Unterfamilien der Raufußhühner haben an den Zehen Auswüchse, die ihnen die Fortbewegung im Schnee erleichtern. Damit hat unser Haushuhn, das von seinem Ursprung her an Dschungelverhältnisse gewöhnt ist, eher selten zu kämpfen. Noch weiter weg vom Huhn sind Enten und Gänse, die innerhalb der Klasse der Vögel eine eigene Ordnung bilden. Gar nichts zu tun mit dem hier beschriebenen Haushuhn haben das Blässhuhn und das Teichhuhn, obwohl beide den Bestandteil „Huhn" im Namen tragen. Ersteres ist ein Kranichvogel, letzteres eine Ralle. Und auch der Hühnerhabicht heißt nicht so, weil er sich selbst als Huhn verstehen würde, sondern weil Hühner zu seinen bevorzugten Beutetieren gehören.

Deutlich ist hier die spezielle Haltung zu erkennen, die ein Hahn einnimmt, wenn er zu krähen beginnt.

Was nun macht das Huhn zum Huhn? Da selbst eingefleischten Stadtmenschen Hühner nicht komplett unbekannt sein dürften, sollen im Folgenden die biologischen Merkmale auf die wesentlichen anatomischen Besonderheiten und Sinneswahrnehmungen beschränkt bleiben. Besonders augenscheinlich ist das Gefieder des Huhns. Für die Vielfalt an Farben und Farbschlägen scheint es kaum Grenzen zu geben – das Ergebnis einer langen Geschichte von Einkreuzungen. Dabei unterscheiden sich bei den verschiedenen Rassen nicht nur die Farben, sondern auch die Art des Federkleids. Die Federn selbst sind auf der Haut des Huhns reihenweise angeordnet. Am augenscheinlichs-

Dieses gelockte Zwerg-Cochin zeigt stolz sein Federkleid.

ten sind die Konturfedern, Deckfedern, zu denen die Körperfedern des Rumpfes, die Schwanzfedern und die Federn der Schwingen gehören. Darunter liegen die Daunen und ganz unten, am nächsten der Hühnerhaut, die Fadenfedern. Die Feder selbst besteht aus Kiel und Fahne, wobei letztere seitlich Äste hat, aus denen wiederum die sogenannten Strahlen entspringen. Diese haben am Ende winzig kleine Haken, die die Strahlen zusammenhalten und die einheitliche Oberflächenstruktur bewirken. Den Daunen allerdings fehlen diese Häkchen; ein Grund dafür, dass sie sich so weich und flauschig anfühlen. Gleiches gilt für das Federkleid der Seidenhühner – das macht sie zu Stars auf Hühnerausstellungen, hat aber den Nachteil, dass Seidenhühner aufgrund dieses Umstands nicht in der Lage sind zu fliegen.

Das Gefieder bewirkt eine perfekte Wärmeisolierung; vor allem dann, wenn sich durch das Aufplustern ein schützender Luftmantel unter dem Gefieder bildet – hudernde Hennen wissen eben, wie sie ihre Küken warm halten. Außerdem bietet das Gefieder einen guten Schutz nicht nur gegen Kälte, sondern auch gegen Feuchtigkeit.

Der verantwortungsbewusste Hühnerhalter wird das Federkleid seiner Schützlinge aufmerksam beobachten, denn am Zustand des Gefieders ist früh zu erkennen, wenn ein Tier kränkelt. Neben Krankheiten und Entwicklungsstörungen leidet das Gefieder (allerdings nur das der Hennen) durch den häufigen Tretakt des Hahnes, oft aber auch durch das Federpicken von Geschlechtsgenossinnen. Da sich die Federn, wenn sie einmal ausgewachsen sind, nicht regenerieren, wechselt das Huhn einmal jährlich im Herbst während der Mauser sein Federkleid, sieht während dieser Zeit eher erbarmungswürdig aus, erstrahlt danach aber wie in neuem Glanz.

Weiterhin bemerkenswert sind die Kopfanhänge. Am auffälligsten ist der Kamm: Bei Hähnen soll er aufrecht stehen, bei Hennen darf er auch schon einmal umfallen. Größe und Form variiert je nach Rasse, generell gilt allerdings, dass er bei Hähnen größer ist als bei Hennen. Der Kamm hat weniger eine anatomische denn eine verhaltensphysiologische Funktion. Auch manche Menschen steigen in der sozialen Rangordnung, wenn das Auto, das sie fahren, besonders groß, besonders leistungsstark und zudem einer Marke angehört, die traditionell rot ist. Die Form des Kamms kann variieren, man hat dafür aussagekräftige Namen gefunden: Von Hörner-, Erbsen-, Himbeer-, Rosen-, Schmetterlings-, Walnuss- oder Becherkamm ist da die Rede. Und auch für die Kehllappen gilt: groß und markant rot gleich besonders attraktiv.

Dass das Großhirn bei Hühnern eher schwach ausgeprägt ist, hat Einfluss auf ihr Lernvermögen. Schlüsselreize sind es, die das Verhalten des Huhns steuern. Die aber vermag es hervorra-

Kamm, Kehllappen und Ohrscheibe – die drei Kopfanhänge des Huhns

gend zu verarbeiten. Sehen beispielsweise kann ein Huhn vergleichsweise gut, auch Farben vermag es auszumachen, wobei die Farben Gelb und Rot besonders gut erkannt werden (man erinnere sich an die Farbe des Kamms!). Die seitliche Anordnung der Augen bedingt ein hervorragendes Gesichtsfeld von etwa 300 Grad, das jedoch bei einer Entfernung von etwa 50 Metern endet. Als Waldrand- und Gebüschbewohner war das Huhn in seiner Entwicklungsgeschichte

Auf kurze Distanz sieht ein Huhn hervorragend. Für einen dreidimensionalen Gesamteindruck muss es sich jedoch eines Tricks bedienen.

allerdings auch nicht darauf angewiesen, Feinde schon von Weitem zu erkennen. Mit dem beidäugigen und damit räumlichen Sehen hat das Huhn seine Probleme, denn das binokulare Gesichtsfeld ist auf 30 Grad beschränkt. Deswegen dreht es oft den Kopf und fixiert das Objekt der Begierde mit jeweils einem Auge; daher auch der seltsam anmutende Zickzackgang von Hühnern. Die Legende vom blinden Huhn ist also in der Tat nichts als eine Mär. Ein Korn findet das Huhn immer, außer in der tiefsten Nacht, weil es dann friedlich auf der Stange schläft.

Wie bei vielen anderen Wirbeltieren auch, besitzt das Auge eine Nickhaut, auch als drittes Augenlid bezeichnet. Wie eine

Schutzbrille kann sie vor das Auge geklappt werden und ist hilfreich bei der Entfernung von Fremdkörpern. Vögel setzen die Nickhaut generell im Flug ein, um das Eindringen von Fremdkörpern zu verhindern.

Was man nicht sehen kann, muss durch andere Sinne wettgemacht werden. Hören kann das Huhn dementsprechend gut. Auch dies ist dem ursprünglichen Lebensraum geschuldet. Bevor man den Feind gesichtet hat, hat man ihn schon akustisch wahrgenommen und erste Rettungsmaßnahmen eingeleitet.

Nicht jedes Ohr hat eine Ohrmuschel – beim Huhn fehlt sie beispielsweise. Der Gehörgang wird lediglich durch Ohrläppchen, beim Huhn Ohrscheiben

Hier deutlich zu sehen: die Nickhaut

genannt, begrenzt, ein Hautsaum, der seitlich am Kopf sitzt – genau da, wo man das Ohr auch tatsächlich erwarten würde. Die Devise „Zeig mir dein Ohr, und ich sag dir, welche Farbe deine Eier haben" funktioniert beim Huhn tatsächlich. Weil die Farbe der Ohrscheiben und die Farbe der Eier die gleiche genetische Basis haben, legen – was allerdings nur auf reinrassige Hühner zutrifft – Hühner mit weißen Ohrscheiben weiße, solche mit roten braune Eier.

Wild lebende Hühner haben einen ausgezeichneten Seh- und Hörsinn.

Einen Fressfeind kann man aber nicht nur erspähen oder erhören – das Huhn kann ihn auch fühlen. Hühner sind mit Vibrationsrezeptoren ausgestattet, die sie Schwingungen aus der Luft oder am Boden erkennen lassen. Was den Geruchssinn angeht, sind Hühner allerdings eher unsensibel. Man hat zwar Riechrezeptoren und Riechnerven identifiziert, dennoch scheint Geruch für das Huhn keine große Rolle zu spielen. Die Beziehung zwischen Küken und Glucke funktioniert, anders als bei vielen anderen Tieren, eher über akustische denn über olfaktorische Signale. Auch der Geschmackssinn ist nicht sehr ausgeprägt. Hühner haben verhältnismäßig wenig Geschmacksknospen (etwa 25; das Schwein, der Feinschmecker, hat 15 000!) und damit eben nur wenig Geschmack. Sie können zwar unterscheiden zwischen süß, sauer, salzig und bitter, damit ist das Ende der geschmacklichen Fahnenstange aber auch schon erreicht. Die Futterauswahl geschieht in erster Linie über optische Reize und den Tastsinn. Tastzellen sind vor allem im Schnabel nachgewiesen. Einem Huhn den Schnabel stark zu kupieren ist daher ein unverantwortliches Unterfangen – es wird in seiner Nahrungsauswahl dadurch erheblich eingeschränkt.

Der hohe Verbreitungsgrad des Huhns ist auch durch seine Anpassungsfähigkeit bedingt; dazu zählt auch, dass es recht temperaturunempfindlich ist. Allerdings können Hühner extreme Minusgrade nur schlecht aushalten – was jedoch sowohl in unseren Breitengraden als auch in den ursprünglichen Herkunftsgebieten der wilden Hühner kein großes Problem ist. Und wenn es kalt wird, dann heißt die Devise eben: aneinanderkuscheln. Beim Schlafverhalten kann man dies gut beobachten. Die Hühner rücken auf der Stange beisammen: So wird nicht nur die Körpertemperatur – die beim Huhn 40 bis 41 °C beträgt – abgegeben, die geringere Gesamtoberfläche mini-

Bei der Futterauswahl verlassen sich Hühner eher auf optische und haptische Reize denn auf ihren Geschmackssinn.

miert auch die Kälte. Bei extremer Hitze dagegen wird der Temperaturanstieg durch Hecheln und erhöhtes Trinken ausgeglichen. Schwitzen können Hühner nicht.

Was die Verdauung angeht, ist das Huhn ein typischer Vogel. Hühner sind Omnivoren, Allesfresser also. Insekten, Würmer und Schnecken bilden ebenso die Grundlage wie pflanzliche Nahrung. Da das Huhn über keinerlei Zahnapparat verfügt, wird sämtliche aufgenommene Nahrung unzerkaut geschluckt. Sie wandert nach der Nahrungsaufnahme erst einmal in den Kropf (den man im Übrigen abtasten kann, um den Ernährungszustand zu überprüfen), quillt dort auf und wandert, wenn sie weich genug geworden ist, in den zweigeteilten Magen. Im Vormagen wird der Brei mit Verdauungssäften gemischt, zersetzt und wandert sodann in den Muskelmagen. Gastrolithen, mit der Nahrung aufgenommene Steinchen, zerreiben dort, was von der aufgenommenen Nahrung übrig geblieben ist und zerkleinern den Speisebrei. Durch den Dünndarm, über den die meisten Nährstoffe in den Ernährungskreislauf aufgenommen werden, wandert der Rest dann über den Dickdarm bis zur Kloake. Dort treffen sich die Ausgänge von Darm und Blase; bei der Henne ist die Kloake gleichzeitig das Ende des Eileiters, beim Hahn

Ein Huhn kann auch einmal Minustemperaturen vertragen.

befinden sich hier die rudimentären Geschlechtsorgane. Alles nicht Verdaubare wird hier ausgeschieden. Und das ist nicht wenig: Ein Huhn kotet bis zu 50-mal pro Tag.

Wie kann man nun aber all dies mit der Verwandtschaft von Hühnern und Dinosauriern zusammenbringen? Nun, so schwer ist das gar nicht: Schon am Aufbau des Skeletts zeigt sich die Nähe zwischen Vögeln und Reptilien. Becken- und Oberschenkelmuskulatur sind gut ausgebildet; wenig verwunderlich also, dass das Huhn besser laufen als fliegen kann. Ur-Vater (oder -Mutter) des Huhns ist *Archaeopteryx,* ein Flugsaurier, den Paläontologen als Bindeglied zwischen Dinosauriern und Vögeln identifiziert haben. Festzuhalten ist, dass in Hühnern noch immer eine ganze Menge Erbgut aus der Zeit der Dinosaurier steckt. Proteinvergleiche

Huhn oder Dino? Diese beiden gehören zur ersteren Spezies.

zwischen einem 2003 in den USA gefundenen Oberschenkelknochen eines Tyrannosaurus Rex und heutigen Hühnern bestätigten diese Vermutung. Ob sich aber tatsächlich Hühner wieder zu Dinos „zurückzüchten" lassen können, wie es der renommierte Paläontologe Jack Horner, der zum wissenschaftlichen Beirat von Steven Spielbergs „Jurassic-Park"-Filmen gehörte, plant, mag dahingestellt sein. In seinem 2010 erschienenen Buch „Evolution rückwärts: Auf den Spuren des Dinosauriers im Huhn" beschreibt er, wie er auf der Basis von biomolekularem Material ein Dinohuhn kreieren könnte. Ob das allerdings auf dem Hühnerhof so gut ankommen würde, darf bezweifelt werden.

Federn lassen

Von der Natur gerupfte Hühnchen

Einmal im Jahr hat auch die beste Legehenne die Nase voll. Auszeit ist angesagt. Kein Ei mehr jeden Tag. Die Kinder werden zur Kükenlandverschickung in die Herbstferien geschickt. Der Urlaub kann beginnen. Was jetzt noch fehlt, ist ein neues Outfit. Runter also mit den alten Federn, es müssen neue her!

Ganz so lustprinzipgesteuert funktioniert der Lebensrhythmus eines Huhns allerdings nicht. Und von wegen stressfrei: Das komplette oder auch nur Teile des Federkleids zu verlieren, um direkt im Anschluss neue hervorzubringen, bedeutet für ein Huhn eine immense physiologische Strapaze und Anstrengung. Für den Hühnerhalter sollte das heißen: Stress vermeiden! Ausgerechnet in dieser Zeit den hübschen knackigen neuen Hahn in die Herde einzuführen,

mal eben den Hühnerstall abzureißen oder umzubauen oder unbedingt jetzt das neue, vielversprechende Futter auszuprobieren – all dies sind Don'ts.

Vor allem die Ernährung ist wichtig während der Zeit der Mauser. Vitamin- und proteinreiches Futter ist unerlässlich, denn das Huhn steckt jetzt all seine Energie in das Entwickeln eines neuen Federkleides, und das besteht nun einmal zum größten Teil aus Keratin, Proteinen also, die am wirkungsvollsten durch einen hohen Eiweißanteil im Futter zugeführt werden.

Gut, dass im ersten Lebensjahr eines Huhns noch überhaupt keine Mauser stattfindet. Als Küken hat man nur ein flauschiges Daunengefieder, aus dem sich das Jugendkleid aus Deck- und Daunenfedern entwickelt. Erst mit etwa eineinhalb Jahren hat sich das Erwachsenengefieder herausgebildet. Und das ist irgendwann abgenutzt, nicht nur bei der Henne, sondern auch beim Hahn.

Erbarmungswürdig sehen unsere Hühnchen dann aus, zersaust und auch ein wenig gerupft, zudem geschwächt und anfällig für Krankheiten. Je nach Rasse muss sich nicht das ganze Gefieder erneuern, auch eine Teilmauser ist möglich, meist im Halsbereich.

Das Problem: Während der Mauser legt die Henne keine Eier. Zwar ist der österliche Eierboom im Herbst schon lange vorbei, doch wer als Landwirt oder Selbstversorger auf eine kontinuierliche Eierproduktion angewiesen ist, steht während der Mauser dumm, sprich eierlos, da. Sie wird darum oft künstlich herausgezögert, was durch entsprechende Lichtverhältnisse möglich gemacht wird. Nicht ganz fair, denn der natürliche Vorgang setzt ja automatisch dann ein, wenn die Henne ausgelaugt ist und tatsächlich eine von der Natur verordnete Pause nötig hätte.

Nach zwei bis drei Monaten – abhängig von der Rasse – ist der Gefiederspuk vorbei, das Federkleid nachgewachsen, der Eierstock der Henne regeneriert, Hahn und Henne erstrahlen in neuem Glanz.

Die Haushühner

oder *Huhn ist nicht gleich Huhn*

Viele Rassen kommen in unterschiedlichen Farbschlägen vor: Während das Gefieder des Seramas rechts wie gemalt wirkt, ist das Exemplar unten schlicht schwarz.

Groß und Klein versteht sich gut in der Familie Huhn: Lachshuhn und Serama beim trauten Spaziergang.

Schon die Römer betätigten sich als Hühnerzüchter, und spätestens seitdem – vor allem in den Adelskreisen der Barockzeit – Hühner als schön anzusehende Prestigeobjekte gehalten wurden, spielt die Rassenzüchtung eine Rolle. In Deutschland gründeten sich ab Mitte des 19. Jahrhunderts zahlreiche, noch heute bestehende Rassegeflügelzuchtvereine, die strenge Zuchtrichtlinien für einzelne Rassen einführten und ihre Tiere auf Ausstellungen präsentierten. Seit dieser Zeit hat sich eine enorme Vielfalt an Haushuhnrassen herausgebildet:

Allein in Europa sind zurzeit fast 200 Rassen im Rassegeflügelstandard enthalten, weltweit sind es natürlich noch viel mehr. Viele Hühnerrassen existieren außerdem als Zwergformen, und innerhalb der meisten Rassen gibt es wiederum eine Vielzahl an Farbschlägen.

Die meisten neuen Rassen entstanden im 19. oder zu Beginn des 20. Jahrhunderts. Zwergformen ließen sich durch ihre geringe Größe besser halten; bei den Großhühnern war das Zuchtziel meist eine wirtschaftlich rentablere Geflügelhaltung – zum einen sollten die Hühner robuster werden, zum anderen sollten sie mehr Eier legen oder einen größeren Braten abgeben. Man teilte die Haushühner, ihren Funktionen gemäß, grob in drei Gruppen ein:

Zu den „Legerassen" gehörten die Hühner, die hauptsächlich für sehr viele Eier zu sorgen hatten. „Fleischrassen" wurden so gezüchtet, dass sie möglichst viel

*Nicht nur reinrassig
ist schön.*

und möglichst schmackhaftes Fleisch lieferten, und die „Zwiehuhnrassen" (Zweinutzungsrassen) waren Alleskönner – sie lieferten viel Fleisch, legten aber auch viele Eier. Der Einfachheit halber werden diese Einteilungen auch heute noch oft benutzt, doch zaudert man im Zeitalter der *Political Correctness* ein wenig, Hühner als „Fleischrasse" zu bezeichnen, und zudem hat sich diese Einteilung längst überholt. Da für die heutige industrielle Eier- und Hühnerfleischproduktion nur noch sogenannte Hybridrassen verwendet werden, die nicht sehr ausdifferenziert und nur auf hohe Leistung oder schnelles Wachstum ausgelegt sind (zu Hybridrassen siehe Seite 98/99), werden die „echten" Rassehühner nicht mehr für eine bestimmte Funktion benötigt, sondern eher als Haustiere oder als edle Ausstellungshühner gehalten.

Die Einteilung nach Funktion ist auch deswegen mit Schwierigkeiten verbunden, weil viele ursprünglich als Legehühner gezüchtete Tiere auch gute Fleischlieferanten sind und umgekehrt. Die größten Zuchtleistungen werden heute von Hobbyzüchtern erbracht, die sich an der Schönheit ihrer Tiere erfreuen – und natürlich auch an dem einen oder anderen Ei!

In den folgenden Abschnitten werden – ohne Anspruch auf Vollständigkeit – einige verbreitete Haushuhnrassen vorgestellt, grob in Nutz- und Zierhühner unterteilt. Auf die älteren Rassen folgen die neueren Züchtungen. Besonders bedrohte Rassen finden sich im nächsten Kapitel.

Nutzhühner

Eine der ältesten Haushuhnrassen überhaupt ist das **Dorking**: Seine Vorfahren lassen sich bis in die Römerzeit zurückverfolgen. Später war diese Rasse, die um 1850 nach Deutschland gelangte, besonders in Großbritannien verbreitet und wurde dort auch weiterentwickelt, sodass die heutigen Dorkings vermutlich nicht mehr viel mit ihren Ahnen gemeinsam haben. Trotzdem hat ein Dorking-Huhn ein schmuckes und traditionelles Aussehen – eben so, wie man sich ein richtiges Bilderbuch-Huhn vorstellt. Ein Dorking-Hahn sieht oft sehr schön aus, mit großem Kamm und langen Schwanzfedern; er wird recht groß und kann stattliche 6,5 Kilo auf die Waage bringen. Die Hennen legen pro Jahr etwa 100 Eier – die reinen Rassen weiße, gekreuzte Rassen getönte. Es gibt verschiedene Dorking-Varianten, unter anderem in Weiß, Rot, Wildbraun und Silber-wildfarbig; mit Rosen- oder mit einfachem Kamm. Allen gemeinsam ist, dass sie, ähnlich wie das Deutsche Lachshuhn, fünf statt vier Zehen besitzen. Es sind ruhige Hühner, die aber viel

Dorkings wurden lange Zeit in Großbritannien gezüchtet, sind heute aber eher seltene Haushühner.

Platz brauchen – und auch ein wenig Beschäftigung, weil sie sonst schnell verfetten. Die Qualitäten der Dorking-Hühner als Tafelhühner sind schon lange bekannt, und noch immer werden sie häufig als Masthühner gehalten. Es gibt auch eine Zwergvariante, die allerdings selten ist.

Legt zwar auch keine goldenen, aber immerhin türkisfarbene Eier: das Araucana

Das **Araucana** stammt aus Südamerika; sein Name leitet sich von den Araucana-Indianern ab, die diese Hühner oder vielmehr deren Vorfahren angeblich schon Jahrhunderte lang gehalten hatten, als Kolumbus dort landete. Die Forscher streiten allerdings darüber, ob dies überhaupt möglich sein kann, da die Hühner dann schon sehr früh von ihrem Ursprung in Südostasien nach Südamerika hätten gelangen müssen – möglicherweise sind sie auch erst mit den Europäern dort angekommen. Das Araucana ist in jedem Fall ein besonderes Huhn: Am auffälligsten ist, dass es – zumindest in der reinrassigen Variante – keinen Schwanz hat. Dabei fehlen nicht nur die Schwanzfedern, sondern gleich der ganze Schwanzwirbel, weshalb seine Zucht in Deutschland als Qualzucht gilt, denn der fehlende Wirbel verursacht anatomische Probleme. Das Huhn besitzt außerdem vor den Ohren statt der sonst häufigen Ohrscheiben zwei mit sogenannten Bommeln oder Tuffs befiederte Hautwarzen (Ohrbüschel), und es kann auch einen Backen- oder Kehlbart haben. Die Beine sind grün; das Federkleid kann verschiedene Farben annehmen, wobei es in Deutschland mit 13 Farbschlägen die meisten Varianten gibt. Eine weitere Besonderheit des Araucana sind seine schönen türkisfarbenen Eier. Seit den 1920er-Jahren werden die Hühner in Europa gehalten, sind aber erst in den 1960er-Jahren populär geworden. Die Züchtung ist recht schwierig, da die Hühner so viele besondere Merkmale haben, dass diese selten alle zusammen auftreten – viele Zuchtergebnisse entstehen so eher „zufällig". Es gibt auch Zwerg-Araucanas, die ebenso türkisfarbene Eier legen wie ihre großen Verwandten, aber viel seltener sind.

Bereits im 15. Jahrhundert erwähnt und seit dem 17. Jahrhundert gezüchtet wurden die **La-Flèche**-Hühner, die nach der gleichnamigen französischen Stadt benannt sind. Zu ihrer Ahnenreihe gehören unter anderem Haubenhühner und Kämpfer. Sie wurden ursprünglich wegen ihres schmackhaften Fleisches gezüchtet, legen aber auch große Eier. 1850 in Deutschland eingeführt, gibt es sie heute hauptsächlich noch in Frankreich. Es sind hochbeinige und lebhafte Hühner, die viel Auslauf brauchen und nachts gern auf Bäumen schlafen. Eine Besonderheit ist ihr sogenannter Hörnchenkamm, der nur bei sehr wenigen Rassen vorkommt: Direkt oberhalb des Schnabels

Bei diesem schönen Huhn war auch ein Araucana beteiligt.

wachsen, wie bei einem kleinen Teufel, zwei rote, zwei bis drei Zentimeter hohe Hörnchen. Auf dem Kopf lassen einige krause Federn noch die Abstammung von Haubenhühnern erahnen. Es gibt auch eine seltene Zwergform.

Eine niederländische Rasse sind die **Breda**-Hühner (benannt nach der Stadt Breda), die in ihrem Heimatland *Kraaikop* – Krähenkopf – genannt werden, vermutlich, weil die Hähne so laut krähen, oder aber, weil ihr Kopf wie der einer Krähe aussieht. Es muss sie schon im 17. Jahrhundert gegeben haben, denn sie sind auf Gemälden der großen niederländischen Maler dieser Zeit zu sehen. Verwechseln kann man sie kaum, denn sie haben befiederte Läufe und Füße, was sie ein wenig wie Geier aussehen lässt. Noch dazu tragen sie keine Kämme, sondern nur eine Erhöhung auf dem Kopf, aus der einzelne nach hinten gerichtete Federn wachsen. Es sind sehr große, aufrechte Hühner, die viele Eier legen. Die Zwergvariante ist halb so groß wie die große Rasse und hat ebenfalls ein Federbüschel anstelle eines Kammes.

Um 1700 tauchte das **Hamburger** Huhn erstmals an der Nordseeküste auf, wobei nicht ganz klar ist, ob es zuerst in Deutschland, den Niederlanden, England oder sogar im Orient gezüchtet wurde. Der Name stammt vom in England entstandenen Sammelbegriff „Hamburgh Poultry", den spätestens seit 1850 alle Tiere erhielten, die über Hamburger Kaufleute nach England verschifft wurden. Das Huhn gilt wegen seiner guten Legeleistung und seiner robusten Art als Wirtschaftshuhn, wird aber auch gern auf Ausstellungen gezeigt, denn es ist eine elegante, reich befiederte Erscheinung mit edlem Kopf und Rosenkamm. Es gibt schwarze und weiße Farbschläge, außerdem Silber- und Goldlack-Hamburger, gesprenkelte und Zwerg-Hamburger.

Minorka-Hühner stammen ursprünglich aus Spanien und sind seit dem 18. Jahrhundert besonders in England beliebt. Sie sind die größten Hühner des mediterranen Typs und wurden schon damals häufig eher als Ausstellungs- denn als Fleischhühner gehalten, denn sie sehen sehr auffällig aus: Schon von Weitem erkennt man die langen Hälse und die sehr großen weißen Ohrscheiben, die sich von den meist schwarzen Federn abheben. Die mediterranen Gesellen sind sehr empfindlich: Werden sie in kälteren Gefilden gehalten, müssen ihre Kämme, Ohren und Kehllappen gelegentlich mit Melkfett eingecremt werden, weil sie sonst durch den Frost Schaden nehmen. Berühmt wurde die Rasse durch George Orwells Roman *Farm der Tiere,* in dem drei Minorkas sich dagegen auflehnen, dass alle ihre Eier verkauft werden sollen.

Elegant nicht nur die Fußhaltung: ein Hamburger Zwerghuhn in Silberlack

Ebenfalls in England beliebt, aber eher als Haustier, Fleisch- und Eierlieferant, ist das **Sussex**. Es entstand Anfang des 19. Jahrhunderts im südenglischen Sussex als Kreuzung zwischen Landhühnern und schwereren Rassen wie Dorkings und Brahmas. Da die Hennen oft in Brutstimmung sind, sind Sussex-Hühner leicht zu züchten; noch dazu verhalten sie sich ruhig und freundlich und lassen sich gut zähmen. Das Huhn gibt es in den verschiedensten Farbschlägen, wobei sich die beiden Hauptrassen Weiß und Rot unterscheiden lassen. Es hat einen kastenförmigen Körper. Die Zwergvariante, die seit den 1920er-Jahren gezüchtet wird, besitzt einen flachen, waagerechten Rücken mit einem daran anschließenden fast waagerechten Schwanz und ebenso guten Legeeigenschaften wie das große Huhn.

In ganz Europa beliebt sind die zu Beginn des 19. Jahrhunderts von Italien aus über die Alpen gekommenen **Italiener**. Es sind mittelgroße, temperamentvolle und lebhafte Hühner, die ihr Futter am liebsten selbst suchen und schon früh, mit fünf Monaten, viele Eier legen. Es existieren – auch bei der Zwergvariante – sehr viele Farbschläge. Die Hühner haben weiße Ohrscheiben, gelbe Füße und Rosen- oder Einzelkämme.

Diese silberfarbige Italienerin weiß offensichtlich, was für ein hübsches Hühnchen sie ist.

77

Bei Leghorns gibt es keine Farbschläge – sie sind immer weiß.

Auch die Landhuhn-Rasse **Leghorn** kam ursprünglich aus Italien (Leghorn ist der englische Name der toskanischen Hafenstadt Livorno). 1830 gelangten die Leghorn zur Weiterzüchtung in die USA und von dort aus 1870 wieder nach Europa. Das Leghorn legt bis zu 240 Eier im Jahr und ist daher zur Zuchtgrundlage für viele heutige Legerassen avanciert. Es gibt inzwischen sehr viele verschiedene Typen, einschließlich einer Zwergversion. Alle Hühner haben weiße Ohrscheiben; unterschiedlich sind jedoch unter anderem die Schwanzformen: Während das amerikanische Leghorn den Schwanz hoch und vollständig gespreizt trägt, ist dieser beim englischen Leghorn niedrig und fast ganz zusammengefaltet.

Ein weiteres gutes Legehuhn ist das **Rhodeländer,** wegen seines meist roten Farbschlags auch Rhode Island Red genannt. Sein Name rührt vom amerikanischen Bundesstaat Rhode Island her, wo es im 19. Jahrhundert gezüchtet wurde. 1901 gelangte es nach Deutschland; sein Erbgut ist hier noch heute in vielen Legehennen-Zuchtlinien zu finden. Ein Charakteristikum dieses Huhns ist seine völlig gerade Rückenlinie, über die sich der Schwanz kaum erhebt. Diesen geraden Rücken besitzt auch die in England gezüchtete Zwergform. Es gibt auch einen weißen Farbschlag, dieser ist aber vielerorts nicht anerkannt oder nicht so beliebt.

Ebenfalls aus den USA stammen die **Wyandotten**, die nach einem Huronen-Indianerstamm benannt und in ihrer Heimat 1883 anerkannt wurden. Es entstand unter anderem aus Cochin, Paduanern und Hamburgern und war zunächst nur im silber-schwarz gesäumten Farbschlag verbreitet. Inzwischen sind allein in Deutschland

Wyandotte mit bestechend schöner Gefiederzeichnung

knapp 20 Farbschläge anerkannt. Wegen seines ruhigen und anhänglichen Wesens, seines guten Brutverhaltens und seiner schönen braunen Eier war dieses Huhn lange weitverbreitet; heute ist es eher die Zwergform, die weltweit beliebt ist.

Die **Orpington** wurden Ende des 19. Jahrhunderts in der gleichnamigen Ortschaft im englischen Kent von William Cook gezüchtet, unter anderem aus Langschans und Minorkas. Es sind große, kräftige Hühner, die durch ihre kurzen Beine, ihr üppiges Gefieder und ihre ruhige Art erst recht bodenständig wirken. Durch ihr relativ hohes Gewicht sind sie auch nur mäßig flug-

Macht der Blick auch etwas Angst – die Orpingtons sind ruhige Gesellen.

fähig. Sie wachsen schnell, legen mitunter extrem viele Eier und sind daher erstklassige Nutzhühner. Ihre Zutraulichkeit macht sie aber auch zu guten Haustieren. Die häufigsten Farbschläge sind schwarz, weiß und gelb, wobei die beliebte gelbe Farbe direkt nach der Mauser am schönsten aussieht und danach durch die Sonne ausbleicht.

Zur gleichen Zeit wie in England die Orpington wurden in Deutschland die **Rheinländer** gezüchtet, als deren Vorfahren die Eifeler Landhühner gelten. Es sind schwere, robuste Tiere mit stark gewölbter Brust, relativ kleinem Kopf mit Rosenkamm und kleinen, weißen Ohrscheiben sowie einem auffällig gestreckten Körperbau mit sehr tiefem Stand. Ihre ursprüngliche Farbe war Schwarz mit intensivem grünem Glanz, inzwischen gibt es auch viele andere Farbschläge. Die

*Eine stolze rebhuhn-
farbige Rheinländerin*

Rheinländer sind aktiv, zutraulich und legen auch im Winter Eier.
Ihre Zwerg-Verwandten wirken etwas zierlicher als die großen
Rheinländer.

Eine Kreuzung aus – unter anderem – Orpington- und Brahma-Hüh-
nern sind die **Welsumer Hühner** aus dem niederländischen Ort Wel-
sum. Ende des 19. Jahrhunderts entstanden, kamen sie in den
1920er-Jahren nach Deutschland. Sie sind eine klassische Zweinut-
zungsrasse und legen viele schöne, dunkelrotbraun gesprenkelte Eier.
Während ihre Füße normalerweise gelb sind, erkennt man die Legehennen an den fast weiß gewordenen Läufen. Ihr prächtiges Gefieder
ist besonders schön, denn es erinnert mit seinem rot-rebhuhnfarbe-
nen Farbschlag an die Urfarbe der Wildvögel. Verbreitet sind auch
die Zwergvariante sowie neuere orangefarbene und silberne Farbschläge, die in Deutschland gezüchtet wurden.

Um 1900 entstand im Fischerdorf Marans am französischen Atlantik die gleichnamige Hühnerrasse. Es gibt verschiedene Typen, die meist schwarz-kupferfarben oder silbern gesperbert sind; in Frankreich existieren noch andere Farbschläge. Hier weisen die **Marans** auch eine Befiederung der Laufaußenseiten auf. Das Besondere an dieser legefreudigen Rasse sind ihre großen, auffälligen Eier, die dunkelrotbraun gefärbt sind und eine sehr dicke Schale besitzen, wodurch sie lange gelagert werden können. Im Verlauf einer Legeperiode werden diese Eier immer heller. Marans gehören zu den etwas scheuen Hühnern, die sich nie wirklich zähmen lassen. Seit den 1930er-Jahren gibt es auch die in England gezüchteten Zwerg-Marans.

Das **Bielefelder Kennhuhn** wurde erst in den 1970er-Jahren in Bielefeld zielgerichtet als Zweirasse gezüchtet. Sein Name kommt tatsäch-

Für das Bielefelder Kennhuhn ist die Kennfarbigkeit charakteristisch.

lich von „(er)kennen": Es weist den Farbschlag „kennfarbig" auf, bei dem sich bereits beim Eintagsküken das Geschlecht erkennen lässt. Die Hähne haben eine helle, ockergelbe Färbung mit einem hellbraunen Rückenstreifen; Hennen sind dunkler mit einem dunkelbraunen Rückenstreifen. Alle Hühner haben eine tiefe Brust, einen ausladenden Bauch sowie ungewöhnliche Zeichnungen und Farben. Sie sind zutraulich und ruhig und legen auch im Winter Eier. Der gleiche Züchter schuf in den 1980er-Jahren die dazugehörige Zwerghuhnrasse, bei der sich die Küken ebenfalls an der Farbe unterscheiden lassen.

Nicht nur die Kopfanhänge der Seidenhühner sind extravagant …

Zierhühner

Da bei Zierhühnern nicht in erster Linie der Nutz-, sondern der Schauwert im Vordergrund steht (obwohl auch sie natürlich Eier legen – und auch hin und wieder geschlachtet werden), sehen einige dieser Rassehühner außergewöhnlich bis kurios aus. Mit solchen experimentelleren Züchtungen begann man im 18. Jahrhundert: Zu den Schlössern und Gutshöfen der Barockzeit gehörten auch große Gärten, in deren Gewächshäusern man zu Repräsentationszwecken exotische Pflanzen und Früchte anbaute. Ebenso stolz war man auf exotisch aussehende Tiere wie Pfauen, Papageien oder eben Zierhühner, die in den Gartenanlagen herumliefen oder in verschnörkelten Volieren gehalten wurden.

Viele dieser Hühner waren – und sind – sogenannte Echte Zwerghühner, „echt" deshalb, weil es von diesen Hühnern gar keine große Rasse gibt.

Eine der ältesten, noch dazu eine geradezu legendäre Zierhuhnrasse ist das **Seidenhuhn**. Man erkennt es sofort an seinem zarten, flaumigen Federkleid, das eher an einen Haarschopf erinnert und bis zu den Füßen reicht. Da Seidenhühner zudem eine auffällige „Puschelhaube" auf dem Kopf und häufig auch noch einen Bart tragen, wirken sie wie kleine, kompakte Wollbällchen. Hühner mit dieser Federstruktur soll es in China schon vor 1000 Jahren gegeben haben. Marco Polo berichtete nach einer Chinareise im Jahre 1292 von einer „katzenhaarigen" Hühnerrasse. In späteren Jahrhunderten waren dann schon einige dieser eigenartig aussehenden Vögel nach Europa gelangt, wo sie auf Jahrmärkten als Kreuzung zwischen Huhn und Kaninchen vorgeführt wurden. Seidenhühner sind für eine Großhuhnrasse ziemlich klein; eine Zwergvariante existiert jedoch auch. Es gibt sie in vielen Farbschlägen; allen gemeinsam ist ihre Fünfzehigkeit sowie ihre bläulichschwarze Haut. Sogar das Fleisch und die Knochen dieser Hühner sind dunkel gefärbt, weshalb in China noch heute Teile von ihnen zu Arzneien verarbeitet werden, da dieser starken Pigmentierung eine heilende Wirkung zugeschrieben wird. Seidenhühner sind freundlich und lassen sich gut halten, unter

... auch ihre farblich ganz unterschiedliche Befiederung ist einzigartig.

anderem, weil sie aufgrund ihrer Gefiederstruktur praktisch nicht fliegen können. Da sie sehr gern brüten, wurden sie vor allem in früheren Zeiten gern als „Ersatzmütter" zum Ausbrüten fremder Eier herangezogen.

Ein Beispiel für ein echtes Zwerghuhn ist das **Chabo-Huhn,** ein japanisches Zwerghuhn, das einst von China nach Japan gelangte und dort seine endgültige Form erhielt. Nach Europa kamen die ersten Chabos wohl schon im 16. Jahrhundert. Das Chabo-Huhn ist auch heute noch ein sehr beliebtes Haustier: Es legt zwar nicht sehr viele und recht kleine Eier, ist aber dafür sehr ruhig, zutraulich und sehr „handlich" und wird daher gern von Kindern als Spielgefährte genutzt. Es hat extrem kurze Beine, die man fast gar nicht sieht, und daher einen watschelnden Gang. Seine Flügel trägt es sehr tief, sodass die Flügelspitzen den Boden berühren. Im Gegensatz dazu trägt es seinen Kopf und seine Schwanzfedern hoch erhoben. Es gibt sehr viele verschiedene Formen und Farben dieses Huhns, aber diese Charakteristika sind allen gemeinsam. Als Haustiere brauchen die Chabos viel Pflege: Wegen ihres besonderen Körperbaus dürfen die Sitzstangen nicht zu hoch liegen, und die Federn müssen vor Schmutz und Nässe geschützt werden.

Elegantes Huhn in uneleganter Umgebung

Fröhlich unterwegs ist das „putzige" Seidenhuhn (linke Seite).

Unverwechselbares Kennzeichen der holländischen Haubenhühner ist ihr auffälliger Kopfputz.

Seit dem 15. Jahrhundert in den Niederlanden bekannt und auch auf Gemälden der niederländischen Meister verewigt ist das **Holländer Haubenhuhn**. Wie der Name schon sagt, trägt dieses Huhn statt eines Kammes eine Haube – und was für eine! Bei den Hennen sieht sie sehr groß und kompakt aus, fast wie eine Kugel; bei den Hähnen fällt sie etwas lockerer. Die meisten Haubenhühner sind weiß oder schwarz und haben eine weiße Haube; Hühner mit schwarzen Hauben sind selten. Durch den voluminösen Kopfputz können die Vögel manchmal nicht sofort sehen, wer sich ihnen nähert, weshalb sie etwas schreckhaft sein können. Eigentlich sind es aber eher ruhige Hühner. Als Halter dieser auffälligen Vögel muss man darauf achten, dass die Hauben nicht nass werden, da die nassen, herunterhängenden Federn den armen Tieren die Sicht vollends verdecken, und dass sich keine Läuse in den Hauben einnisten. Zwerg-Haubenhühner werden ebenfalls gezüchtet; sie wurden 1915 zum ersten Mal ausgestellt und sehen genauso aus wie ihre großen Verwandten.

Ebenfalls von Abbildungen aus dem 17. Jahrhundert bekannt ist der **Antwerpener Bartzwerg**, eine der ältesten Echten Zwerghuhnrassen. Es ist eine in Belgien bekannte und beliebte Rasse; die Vögel werden dort „baartjes" genannt wegen ihres auffälligen, vollen Kinn- und Backenbartes. Es sind kleine, gedrungene Vögel mit kräftigen Köpfen und großen Augen, die aber für Zwerghühner sehr große Eier legen. Die ruhigen, zutraulichen Bartzwerge kommen in 21 Farbschlägen vor und sind mit vielen weiteren Bartzwerg-Rassen verwandt.

Eher groß gewachsen sind dagegen die **Brahma**. Ihren Namen haben sie wahrscheinlich vom indischen Fluss Brahmaputra; es ist aber nicht ganz klar, ob sie wirklich von dort stammen oder eigentlich in Nordamerika gezüchtet wurden. Gesichert ist jedenfalls, dass 1852 erstmals Brahma-Hühner von Nordamerika nach Europa importiert wurden. Bei britischen und deutschen Züchtern waren sie sofort ein Erfolg, denn durch ihre Größe und Kraft sowie ihre sehr würdige, aufrechte Haltung wirken sie geradezu majestätisch. Dieser Eindruck wird noch verstärkt durch ihren herausfordernden Blick und ihr prächtiges Federkleid: Nicht nur die Läufe, sondern sogar die Zehen

Brahmas gehören zu den größten Hühnerrassen Europas.

sind üppig befiedert. Gefallen haben dürfte den Züchtern damals auch, dass die Köpfe der Brahma-Hühner wie die Köpfe von Adlern aussehen. In schlechten Zeiten wurde es aber zunehmend schwierig, diese Riesenhühner zu züchten, da sie viel Platz und vor allem viel Futter brauchen. Kurios ist, dass ausgerechnet diese großen, stark und mutig aussehenden Hühner sehr anfällig sind für große Aufregungen – sie bekommen dann schnell einen Herzschlag und fallen tot um. Darüber hinaus sollte man von den eindrucksvoll großen Tieren eher große Eier erwarten, doch das Gegenteil ist der Fall.

Eine üppige Befiederung, die bis zu den Krallen reicht, besitzt auch das **Cochin**. Cochin-Hühner haben einen niedrigeren Stand als Brahma-Hühner, sind aber ebenfalls ganz schön schwer – ein Hahn kann fast sechs Kilo auf die Waage bringen. Obwohl diese Hühner gut gemästet werden können und auch recht ordentlich Eier legen, werden sie eher wegen ihres Aussehens sowie ihres sanften Wesens gezüchtet und auf Ausstellungen gezeigt. Ihren Namen erhielten sie von der Gegend, aus der sie vermutlich stammen: Cochinchina nannte man während der Kolonialzeit Teile Vietnams und Kambodschas. Auch Queen Victoria, Herrscherin über das British Empire, liebte diese Hühner wegen ihrer netten Art und hielt sie als Haustiere, als sie im 19. Jahrhundert ihren Weg von Asien nach Europa fanden. Durch den niedrigen Stand und

Auch die Zwerg-Cochin sind wie die große Zuchtform üppig befiedert.

die vielen Federn sieht man die Beine dieser Hühner fast gar nicht, und schon deshalb wirken sie wie kuschelige Spielgefährten. Am häufigsten werden sie in Gelb gezüchtet, wobei diese Farbe bei zu viel Sonne ausbleicht; es gibt aber auch weiße, schwarze, blaue und gesperberte Farbschläge. Die Cochin-Zwerghühner sind eine ganz eigene Züchtung, aber auch sie sind leicht zähmbar, dicht befiedert und wirken durch ihren niedrigen Stand und ihre volle Brust wie kleine Kugeln.

Auf den ersten Blick etwas gewöhnungsbedürftig sind die **Nackthalshühner**: Auf ihren leuchtend roten Hälsen wachsen tatsächlich überhaupt keine Federn, was sie ein wenig wie kleine Geier aussehen lässt. Trotz ihres etwas erschreckenden Aussehens sind sie aber nette, freundliche Hühner und gute Mütter. Ihr nackter Hals, möglicher-

Die kugelige Form dieses gelockten Zwerg-Cochin rührt von seiner ausgeprägten Befiederung her.

weise einst durch einen spontanen Gendefekt entstanden, ist genetisch dominant; schon die Küken haben nackte Hälse, wenn sie schlüpfen. Der Ursprung dieser Hühner wird in Rumänien oder Ungarn vermutet; im 19. Jahrhundert kamen sie über Österreich nach Deutschland. Sie legen recht viele Eier und werden auch zu Mastzwecken gehalten, doch ebenso häufig stellt man sie auf Hühnerschauen aus. Ein paar Federn tragen sie auf dem Kopf und unterhalb des nackten Halses tragen sie meist ein kleines Federbüschel. Der Hals macht nicht empfindlicher für die Witterung, ganz im Gegenteil: Nackthalshühner sind sehr robust.

Wegen ihres extravaganten Aussehens waren die Paduaner auch in den Barockgärten der nicht-italienischen Länder sehr verbreitet.

Das **Paduaner Haubenhuhn** gibt es in einer Groß- und einer Zwergvariante, die sich nur durch die Größe unterscheiden. Viele dieser Hühner besitzen extrem interessante Zeichnungen mit gesäumten

Federn, die aussehen wie handbemalt. Als der englische Zwerghuhn-Spezialist William Flamank Entwistle um 1870 die Zwerghuhnrasse züchtete, gab es gleich zu Beginn zehn verschiedene Farbschläge. Auffällig ist, dass die Tiere statt eines Kammes eine Haube und statt Kehllappen einen vollen, dreigeteilten Bart besitzen. Bei den Hennen ist diese Haube eher kugelig, bei den Hähnen ist sie lockerer und sieht aus wie ein nach hinten gekämmter Schopf. Wie auch bei anderen Haubenhühnern ist das Blickfeld der Paduaner Hühner stark eingeschränkt, was sie etwas schreckhaft macht. Züchter achten daher darauf, auf möglichst kleine und steife Hauben hinzuarbeiten, die den Hühnern nicht in die Augen hängen. Durch ihre leichte, anmutige Gestalt sehen diese Hühner ausgesprochen hübsch aus.

Das weltweit kleinste Zwerghuhn: das Serama

Eine noch ganz neue Züchtung ist das **Serama**, die kleinste Zwerghuhnrasse, die es zurzeit gibt. Ursprünglich aus Malaysia stammend, wurden in diese Zwerghuhnrasse verschiedene andere Rassen eingekreuzt, unter anderem das Seidenhuhn, weshalb manche Seramas auch heute noch Seidenhuhn-ähnliche Federn besitzen. Seit den 1970er-Jahren gibt es den heutigen Typus des Serama-Huhns. Während der Zuchtvorgänge wurde die Rasse immer kleiner, sodass heutige Hühner zum Teil nur 200 Gramm auf die Waage bringen (bei 15 bis 25 cm Körpergröße). Der Züchter gab der neuen Rasse schließlich den Namen „Serama", weil dieser Schönheit, Adel, Hochmut und Ausstrahlung bedeutet. In ihrem Ursprungsland Malaysia werden die Seramas allerorten als Haustiere gehalten (angeblich häufiger als Hunde oder Katzen) – nicht nur, weil sie so klein sind und wenig Platz und Futter benötigen, sondern auch, weil sie für ihre Anhänglichkeit bekannt sind: Zwischen Mensch und Tier entsteht oft eine enge Bindung. Durch diese Bindung sind die Tiere gut zu zähmen – für Ausstellungen werden sie regelrecht abgerichtet, denn dort ist es wichtig, dass sie ihre berühmte, stolze Haltung einnehmen: die Brust nach vorn gereckt, den Kopf nach hinten geworfen. Auch bei der Zucht ist diese majestätische Haltung wichtig, außerdem der Charakter und die Größe des Huhns.

Die Farbe ist dagegen bisher nicht ausschlaggebend, weshalb es Serama-Hühner inzwischen in mehreren Tausend Farbkombinationen gibt und jedes Küken anders aussieht. Vielleicht ist das der

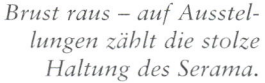

Brust raus – auf Ausstellungen zählt die stolze Haltung des Serama.

Grund, warum diese Rasse in Europa noch nicht anerkannt ist – was aber ihrer wachsenden Beliebtheit keinen Abbruch tut: Immer mehr Amerikaner und Europäer möchten ein Serama-Huhn als Haustier halten. Da beruhigt es zu hören, dass Serama-Hühner nicht gern (weg)fliegen und die Hähne nur ganz leise krähen, sodass die Nachbarn nicht gestört werden ...

Kampfhühner

Es war gänzlich unspektakulär, als im Juli 2010 das Regionalparlament von Katalonien den Stierkampf verbot. Nur die Toreros demonstrierten für die Corrida; die Stiere werden die Entscheidung eher mit Wohlwollen aufgenommen haben. Der „Tod am Nachmittag" hat in Spanien Tradition, gehört nach Meinung vieler Befürworter sogar zum Kulturerbe. Gleiches glauben die Anhänger der Fuchsjagd in England. Nur die Füchse wird niemand gefragt haben.
Ähnlich kann man auch zu Hahnenkämpfen stehen. Liest man die Geschichte des Huhns, stand am Anfang seiner Beziehung zum Menschen gar nicht einmal das schmackhafte Fleisch oder die Vorliebe für Eier im Vordergrund, nein: Man ließ sie gegeneinander antreten, die stolzen Hähne, begann sogar damit, eigene Kampfrassen zu züchten, die spezielle, im Kampf wertvolle Merkmale aufwiesen, wie zum Beispiel eine gewisse Aggressivität oder ein hohes Durchhaltevermögen.
Auf dem Kampfplatz fangen die Tiere meist ganz von selbst an zu kämpfen; manchmal wird zur Aufstachelung etwas nachgeholfen, indem sie vor dem Kampf eng zusammengehalten werden. Messer, zusätzlich zum ohnehin schon scharfen Sporn, werden an den Beinen befestigt. Gekämpft wird so lange, bis ein Tier aufhört zu kämpfen, schwer verletzt ist oder stirbt. Auf den Ausgang des Kampfes wird

mit hohen Summen gewettet. Nach einigen gewonnenen Kämpfen ist der Hahn ein geachteter Senior mit der Aussicht auf einen schönen Lebensabend.

In fast allen Ländern, selbst da, wo sie als traditionelles Kulturgut oder gar populärer Sport gelten – Asien, Mexiko und Lateinamerika sind die Hochburgen dieser „Sportart" –, sind Hahnenkämpfe heute verboten. Ein Verbot allerdings, das sich nur schwer kontrollieren lässt – für eine Corrida braucht es eine Arena, ein Hahnenkampf kann auch im Hinterhof stattfinden. Abgesehen davon, dass die Aufsichtsbehörden in den entsprechenden Ländern ihre Kontrollpflicht eher lax handhaben und auch schon einmal ein Auge zudrücken, das Verbot nicht wirklich wichtig finden.

Die reine Zucht von Kampfhühnern zu Ausstellungszwecken ist hingegen in den meisten Ländern erlaubt. Man erkennt eine solche Rasse sofort an ihrer ganz speziellen Gestalt: Ins Auge fällt zunächst die aufrechte, herausfordernde Haltung eines solchen Huhns. Noch dazu haben diese Hühner oft einen sehr hohen Stand und lange Hälse, sodass sie allein schon durch ihre Größe einschüchtern: Ein Malaienhahn wird fast einen Meter hoch! Durch ihren wachen, bedrohlichen Blick und ihren stromlinienförmigen Kopf wirken die Tiere auch gleich ein wenig böse – was sie gar nicht unbedingt sein müssen: Mit ihren Haltern verbindet sie oft ein liebevolles Verhältnis; nur, wenn ein anderer Hahn in ihre Nähe kommt, werden sie zu aggressiven Kämpfern. Schließlich fällt auf, dass Kampfhühner sehr muskulös sind. Die Muskeln kann man gut erkennen, was auch daran liegt, dass ihnen das üppige Federkleid weggezüchtet wurde, denn zu viele Federn behindern nur beim Kampf und bieten dem Gegner Angriffsfläche. Ebenso wird bei der Zucht darauf geachtet, dem Gegner nicht zu viele empfindliche Körperteile zu präsentieren, daher haben Kampfhähne eher kleine Kehllappen, und ihre Augen sind durch darüberliegende Wülste geschützt.

Die bekanntesten Kampfhuhnrassen sind der aus Indien stammende **Asil,** eine der am niedrigsten stehenden Kampfhuhnrassen, der **Indische Kämpfer,** der durch seine enorme Breite auch für die Zucht der heutigen Schlachthybriden Verwendung fand, der schon erwähnte **Malaie,** der **Moderne englische Kämpfer** und der aus Japan stammende **Shamo.** Viele der Kämpfer gibt es auch als Zwerghühner.

Kampfhühner erkennt man zumeist schon an ihrer Hochbeinigkeit.

Hybridhühner werden nicht nur in Großbetrieben, sondern auch auf Bauernhöfen geschätzt. Hier können die Hähne noch ganz artgerecht ihre Hybrid-Hennen beschützen – zum Glück haben die Gockel ein Einsehen und lassen ihre Damen auch oft raus.

Hybridhühner

Während viele Züchter dankenswerterweise daran interessiert sind, das Aussehen ihrer Tiere zu verbessern oder eine aussterbende Rasse wiederzubeleben, sind diese „Liebhaber"-Aspekte aus wirtschaftlicher Sicht völlig uninteressant: Hier zählt, wie viele Eier ein Huhn legt. Mit der Ausweitung der Hybridzucht verloren die schönen Haushuhnrassen in dieser Hinsicht immer mehr an Bedeutung. Durch die Zucht legen manche alte Rassen heute sogar weniger Eier als früher – wenn man ihnen zum Beispiel ein dichteres Federkleid anzüchtete, sodass nun all ihre Energie für Bildung und Erhalt der Federn aufgewendet wird.

Als die Industrialisierung sich im 20. Jahrhundert immer weiter ausbreitete und nicht mehr so viele Menschen als Selbstversorger Hühner hielten, wurde es immer wichtiger, viele und für jeden Konsumenten erhältliche Eier zu produzieren. Im Zuge des ansteigenden Wohlstands – spätestens nach dem Zweiten Weltkrieg – entstand auch der Anspruch der Menschen, immer und überall frische Eier kaufen zu können. Besonders in den USA kreuzte man daher gezielt einige besonders stark spezialisierte Zuchtlinien und erhielt so die modernen Hybridhühner, die bis zu 350 Eier pro Jahr legen. Bedenklich ist dabei, dass das Genmaterial dieser Hybridhühner inzwischen stark monopolisiert ist: Nur eine Handvoll global agierender Konzerne beliefern den weltweiten Markt mit Zuchtmaterial für Geflügel. Ein noch größeres Problem als das bloße Züchten von Hybridhühnern ist die viel diskutierte Haltung der Legehennen. Inzwischen haben es die 44 Millionen Legehennen in Deutschland geringfügig besser, jedoch keinesfalls gut, und lange lebt eine Legehenne nicht – wenn ihre Produktivität sinkt, wandert sie in den Kochtopf.

Auch für die Fleischproduktion werden spezielle Hybridrassen gezüchtet, die sich schnell mästen lassen. Der Bedarf ist enorm; allein in der EU werden jedes Jahr mehrere Milliarden Brathähnchen verzehrt. Zum Glück wächst hier das Bewusstsein der Verbraucher für eine artgerechtere Tierhaltung. Immer mehr Menschen kaufen die teureren Eier aus Freilandhaltung, und inzwischen wird sogar so manche Hybrid-Legehenne vor dem Kochtopf gerettet und darf im Freigehege ihren Lebensabend verbringen.

Das ist den meisten Hybrid-Legehühnern nicht vergönnt: Lustwandeln auf der Wiese

Bedrohte Rassen

oder *Über die Schönheit der Vielfalt*

Ebenso wie die bedrohten Tierarten in freier Wildbahn gibt es – sowohl in unseren Breiten als auch im Rest der Welt – bedrohte Nutztierrassen. Das sind Pferde-, Rinder-, Schaf-, Ziegen-, Schweine- oder eben Geflügelrassen, die einst gezüchtet wurden, um spezifischen Anforderungen zu genügen oder auch an ein bestimmtes Gebiet optimal angepasst zu sein, und die jetzt, aus den verschiedensten Gründen, kaum noch gezüchtet werden. Bei den Hühnern ist der Hauptgrund für das Aussterben alter Rassen (als „alt" betrachtet man eine Rasse, die durchgehend seit mindestens 50 Jahren in Deutschland bekannt ist) sicherlich der oben beschriebene Vormarsch der Hybridrassen für die Eier- und Fleischproduktion, mit dem den traditionellen Hühnerrassen in mancher Hinsicht ihre Funktion verloren ging.

Beim als gefährdet eingestuften Lachshuhn ist die Henne dekorativ lachsfarben ...

Glücklicherweise gibt es zahlreiche Züchter, Vereine und Verbände, die sich den Erhalt solcher Rassen auf die Fahnen geschrieben haben. Die Gesellschaft zur Erhaltung alter und gefährdeter Haustierrassen e.V. (GEH) ist ein solcher Verband: 1981 gegründet, gibt sie alljährlich die „Rote Liste der gefährdeten Nutztierrassen in Deutschland" heraus. Diese Liste verändert sich jedes Jahr; gegenwärtig werden rund 90 Nutztierrassen als „gefährdet" eingestuft, darunter 20 Hühnerrassen. Dabei werden die Kategorien I („extrem gefährdet"), II („stark gefährdet"), III („gefährdet") und „zur Bestandsbeobachtung" unterschieden. Geflügelzüchtervereine und Landwirte machen sich auf der Basis dieser Liste daran, alte Rassen zu erhalten und den Menschen deren Wert nahezubringen. So hat die GEH die „Arche-Höfe" ins Leben gerufen, Bauernhöfe in ganz Deutschland, die bewusst alte Rassen züchten und sie auch nicht nur zu Ausstellungszwecken halten, sondern tatsächlich für die Produktion nutzen – so, wie es früher war. Die Gründe für einen Erhalt der Rassen sind dabei unterschiedlich: Für Natur und Menschen ist es gut und wichtig, dass die biologische Vielfalt erhalten bleibt; viele Menschen sehen in den alten Tierrassen auch ein wertvolles Kulturgut, das unterzugehen droht, und manche erinnern sich vielleicht einfach gern an die typischen Hühnerrassen, die ihnen vor vielen Jahren auf Opas Bauernhof begegnet sind.

… und der Hahn zweifarbig.

Extrem gefährdete Rassen

Die schönen **Augsburger** wurden 1880, wie der Name schon sagt, in der Nähe von Augsburg erzüchtet. Es sind Hühner wie aus dem Bilderbuch: Sie haben eine gestreckte Landhuhnform, hübsche dunkle Augen, weiße Ohrscheiben und vor allem einen wunderschönen Becherkamm, der wie eine Krone aussieht. Dieser Kamm ist allerdings nicht reinerbig, sodass nicht alle Nachkommen automatisch einen Becherkamm besitzen, was die Zucht ein wenig schwierig macht. Die typische Farbe eines Augsburger Huhns ist schwarz mit einem grünen Glanz; ansonsten gibt es nur noch einen blaugesäumten Farbschlag. Das Huhn gehört zur Klasse der Zweinutzungshüh-

Das Augsburger: ein Huhn wie aus dem Bilderbuch

ner; es legt etwa 150 Eier im Jahr. Es existiert auch eine schwarze Zwergform, diese ist jedoch noch seltener als die Großrasse.

Der **Bergische Schlotterkamm** ist eines von mehreren Hühnern aus dem Bergischen Land bei Köln, die auf der Roten Liste stehen. Die Rasse ist ein typischer Fall einer aussterbenden Züchtung, die als Kulturgut betrachtet werden kann: Viele ältere Menschen erinnern sich noch lebhaft an die für die Gegend typischen Hühner, die man früher auf den Höfen und in den Flusstälern häufig antraf. Mit der Industrialisierung verschwanden die zahlreichen Kleinbetriebe aus dem Flusstal, und mit ihnen auch die Hühner. Vermutlich im 18. Jahrhundert entstanden, ist das Markenzeichen dieser Hühner zum einen ihr Farbschlag: Außer schwarz und gesperbert (von den Einheimischen „Eule" genannt) gibt es nämlich noch schwarz-weiß-gedobbelte und schwarz-gelb-gedobbelte Hühner. Die „Dobbelung", abgeleitet von den „Dobbeln" eines Brettspiels, ist eine grobe Form der Säumung, die eine ähnliche Größe aufweist wie die Holzscheiben beim Mühlespiel. Es gibt auch eine Zwergform im Farbschlag schwarz-weiß-gedobbelt. Das andere Markenzeichen ist natürlich der namensgebende Schlotterkamm: Bei den Hennen steht der Kamm nicht (das wäre unter Züchtern sogar ein Fehler), sondern er ist

Der Krüper hat besonders kurze Beine.

umgelegt, wobei er mal auf die eine, mal auf die andere Seite des Kopfes fällt, eben „schlottert".

Ein weiteres gefährdetes Huhn aus dieser Region ist der **Krüper**, eine schon jahrhundertealte

Rasse. Neben dem Bergischen gab es ursprünglich den Westfälischen Krüper, doch 1916 wurden die beiden Schläge zusammengeschlossen. Ein Krüper hat besonders kurze Beine, weswegen es früher auch „Kriechhuhn" genannt wurde.

Das **Ramelsloher Huhn**, aus der gleichnamigen Ortschaft nahe Hamburg stammend, war Anfang des 20. Jahrhunderts das beliebteste Wirtschaftshuhn, bevor es durch die Leghorn-Hühner verdrängt wurde. Man erkennt es an einer meist weißen Gefiederfarbe, großen schwarzen Augen und bläulichen Ohrscheiben.

Stark gefährdet

Der **Bergische Kräher** ist ein weiteres gefährdetes Huhn aus dem Bergischen Land – und das bekannteste. Seinen Namen hat es von dem Krähruf des Hahns: Nicht nur dessen Länge ist außergewöhnlich (bis zu 15 Sekunden anhaltend), sondern auch die Eigenart des Hahns, dabei zu laufen und den Kopf bei jedem Schritt weiter zu Boden zu senken, bis sein Schnabel den Boden berührt. Sodann beendet er den Ruf mit einem Laut, den die Fachleute als „Schnork" bezeichnen. Um den Bergischen Kräher ranken sich viele Sagen. Als gesichert gilt, dass seine Ursprünge irgendwo im Orient liegen müssen, da es nur dort ähnlich krähende Hähne gibt. Graf Engelhard vom Berg soll um 1200 höchstselbst einen Bergischen Kräher von den Kreuzzügen mitgebracht haben. Noch heute finden daher auf der Stammburg derer vom Berg in Burg an der Wupper regelmäßig Wettkrähen statt. Eine andere Legende besagt, spanische Mönche hätten die Hähne ins Bergische Land gebracht – wahrscheinlich staunte man über die stolze, „spanische" Haltung dieser Hühner. Ihr Rücken ist leicht gebogen,

Dieser Bergische Kräher weiß offensichtlich um seine Schönheit.

und ihre Färbung (die Hähne rötlich kastanienbraun, die Hennen schwarz) weist häufig die nur bei Bergischen Hühnerrassen vorkommende Dobbelung auf. Ab 1925 wurde auch eine Zwergrasse gezüchtet. Deren Hähne können ebenso lange krähen wie die der Großrasse, allerdings in einer höheren Tonlage …

Mit dem **Deutschen Langschan** steht auch ein Huhn aus der Langschan-Linie auf der Liste der stark gefährdeten Rassen. Langschans sind die aus dem Langshan-Distrikt in Nordchina stammenden schwarzen Landhühner, die Ende des 19. Jahrhunderts nach Europa gelangten. Zunächst hatten diese Langschans raue Füße (wie auch die Croad-Langschans); schon bald dominierten aber durch Kreuzung die glattfüßigen oder Deutschen Langschans, die bis zum Zweiten Weltkrieg in Deutschland verbreitet waren, da sie gute Zweinutzungshühner abgeben – sie legen etwa 160 Eier im Jahr, sind zutraulich, leicht zu halten und fliegen kaum. Auffällig an diesen Hühnern sind ihre langen Schenkel und Hälse sowie ihr sehr hoher

Stand. Eine ansteigende Rückenlinie macht sie besonders attraktiv; für Geflügelschauen werden sie darauf trainiert, sich möglichst hoch aufzurichten. Die Züchtung ist nicht ganz einfach; vielleicht ist das ein Grund für den Rückgang dieser Rasse.

Weitere stark gefährdete Rassen sind der **Deutsche Sperber**, ein aus dem Rheinland stammendes Legehuhn, das es nur in gesperberten Farbschlägen gibt, und die **Ostfriesische Möwe** aus Friesland, ein robustes Huhn, das gut fliegen kann und dessen Küken tatsächlich wie die Küken einer Möwe aussehen.

Gefährdet

Das **Deutsche Lachshuhn** trägt seinen Namen wegen der lachsfarbigen Färbung der Henne – der Hahn ist hingegen zweifarbig schwarz und elfenbeinfarben gefärbt. Es entstand aus einer Zuchtrichtung des französischen Faverolle-Huhns, wurde als schnellwüchsiges Masthuhn gezüchtet, legt aber auch viele Eier und kann deshalb heute als Zweinutzungshuhn gelten. Sein Aussehen birgt einige Besonderheiten: Es hat fünf statt der üblichen vier Zehen, seine Läufe sind an den Außenseiten befiedert, und es besitzt eine volle Bartbefiederung mit Halskrause. In Deutschland wird auch eine Kleinform gezüchtet.

Ein **Lakenfelder** erkennt man sofort an seiner besonderen Zeichnung: Es hat einen weißen Kopf und einen weißen Rumpf, aber im Kontrast dazu einen schwarzen Halsbehang und einen schwarzen Schwanz. Die Zeichnung ist so eindeutig, dass man sogar andere Tiere, zum Beispiel Rinder, „Lakenfelder" nennt, wenn sie eine solche Farbkombination aufweisen. Der Name stammt entweder vom holländischen Dorf Lakerveld oder aber er bezieht sich auf eben diese Farbgebung, die aussieht, als habe man ein weißes Laken auf einem schwarzen Feld ausgebreitet. Lakenfelder sind lebhafte Hühner, die gern draußen sind und gut fliegen können.

Drei Rassen, die selten geworden sind: die Ostfriesische Möwe (links), das Lakenfelder (oben) und das Sachsenhuhn

Das **Sachsenhuhn** ist ein typisches Nutzhuhn, das zum Zwecke der Wirtschaftlichkeit Ende des 19. Jahrhunderts in Sachsen gezüchtet wurde. Es sollte dem rauen Klima trotzen können (daher wurde zum Beispiel auch der große, empfindliche Kamm zugunsten eines kleineren Kammes weggezüchtet), viele Eier legen und sich möglichst selbst sein Futter suchen. Zunächst gab es nur den schwarzen Farbschlag, später kamen noch weiß, gelb und gesperbert hinzu.

Das **Sundheimer** ist ebenfalls ein Nutzhuhn, das zunächst zur schnel-len Aufzucht als Schlachthuhn gezüchtet wurde, außerdem aber min-destens 200 Eier im Jahr legt. Es ist ein eher gedrungenes Huhn mit kleinem Kopf, meist weißem Gefieder und andersfarbigem Halsbehang.

Zur Bestandsbeobachtung

Das **Thüringer Barthuhn**, des-sen unmittelbare Vorfahren schon im 18. Jahrhundert im Thüringer Wald vorgekommen sein sollen, ist ein relativ kleines Huhn mit ebenso kleinem Kamm und kleinen Kehllappen, dafür aber einem großen, länglichen Vollbart. In seiner Heimat wurde es deshalb lange „Pausbäck-chen" genannt. Wegen des kleinen Kammes ist es weitgehend kälte-unempfindlich. Seine Farbschläge sind unter anderem schwarz, weiß, blau, gelb, gesperbert, gold- und silber-schwarz-getupft.

Der merkwürdige Name der Rasse **Westfälischer Totleger** deutet nicht, wie oft behauptet, darauf hin, dass diese Hühner sich „zu Tode

legen", sondern ist aus einem plattdeutschen Begriff entstanden: Da die Hühner in der Tat viele Eier legten, wurden sie in ihrer Her-kunftsregion Westfalen „Dauerleger" genannt – auf Plattdeutsch „Daudtleijer", was dann später zum hochdeutschen „Totleger" wurde. Obwohl die Totleger solch fleißig legende und auch robuste

Viel schöner, als der Name vermuten lässt: die Westfälischen Totleger

und lebhafte Hühner sind, wurde ihnen schon ab 1900 von ausländischen Rassen der Rang abgelaufen, sodass sie nur mehr als Ausstellungshühner gezüchtet wurden. Die Totleger besitzen einen blauen Schnabel und bläulich weiße Ohrscheiben sowie einen kleinen Rosenkamm, der zu ihrer Unempfindlichkeit für Frost beiträgt. Ihre Hauptfarben sind silber oder golden gesprenkelt, eine seltene Färbung. Sie sind freiheitsliebend, brauchen viel Auslauf und suchen sich ihr Futter selbst.

Nach ihrem Züchter benannt: die Vorwerkhühner

Das **Vorwerkhuhn** ist ein weiteres Beispiel für ein zu einem bestimmten Zweck gezüchtetes Huhn: In diesem Fall wollte der Züchter

Oskar Vorwerk um 1900 ein ruhiges, pflegeleichtes Huhn schaffen, das viele Eier legen und sich auch als Tafelhuhn gut machen würde. Was das Äußere anging, so war er begeistert von der auffälligen Zweifarbigkeit des Lakenfelder Huhns und wünschte sich etwas Ähnliches – nur mit der Farbe Gelb statt Weiß; angeblich, damit die Tiere nicht so schnell schmutzig aussähen. Dies alles ist ihm gelungen, und das Huhn trägt seinen Namen. Das Huhn ist gedrungener als die Lakenfelder Hühner und ein ideales Zweinutzungshuhn, dazu noch gutmütig und wetterfest. 1913 wurde die Rasse als Standard aufgenommen, war zwischenzeitlich jedoch fast ausgestorben. Die Zwergform wurde 1965 anerkannt.

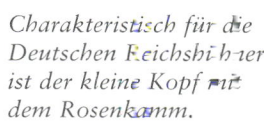

Charakteristisch für die Deutschen Reichshühner ist der kleine Kopf mit dem Rosenkamm.

Weitere unter Beobachtung stehende Rassen sind die aus Belgien stammenden, lebhaftmunteren **Brakel**, die gute Eierleger sind und durch ihre schönen, golden oder silbern gebänderten Zeichnungen auffallen, sowie die **Deutschen Reichshühner**, so genannt, weil sie zu Beginn des 20. Jahrhunderts als „Nationalhühner" gezüchtet wurden. Sie sind feinknochig und tragen einen kleinen Kopf mit einem Rosenkamm.

Gefährdete Rassen aus den Alpen

Aus der Steiermark kommen die beiden Rassen **Altsteirer** und **Sulmtaler**. Sie stammen von den gleichen Ahnen ab, aus denen sich dann

Folgende Doppelseite: Drei Rassen mit auffälligem Kopfputz – das Altsteirer (links), das Sulmtaler (Mitte) und die Appenzeller Spitzhaube

als Legehühner die leichter gebauten Altsteirer, als Fleischhühner die schwereren Sulmtaler entwickelten. Besonders das Altsteirer
Huhn ist ein gutes Zweinutzungshuhn, dabei
dennoch sehr genügsam und widerstands-
fähig. Bemerkenswert ist seine gute Flugfähigkeit. Es trägt einen Federschopf hinter
dem typischen (bei Hennen) Wickelkamm.
Es gibt inzwischen nur noch die Farbschläge

Weiß und Wildbraun. Auch die Sulmtaler Hühner tragen einen kleinen Schopf und einen Wickelkamm.

Sehr auffällige und schöne, aber auch etwas empfindlichere Hühner sind die **Appenzeller Spitzhauben**. Sie waren einst in der Alpenregion weitverbreitet und sind gut an das Leben in den Bergen angepasst – unter anderem können sie gut fliegen und sind recht frostresistent, auch deshalb, weil sie sehr kleine Kehllappen und statt eines großen Kammes nur zwei kleine Hörnchen besitzen. Über diesem Hörnchenkamm sitzt noch ein nach vorn zeigender Federtuff – die Spitzhaube. Die Hühner sind recht klein, tragen einen aufrechten, ausgebreiteten Schwanz und sind meist in schwarzen oder getupften Farbschlägen zu finden – silber- oder gelbschwarz-getupft. Sie benötigen viel Auslauf und haben ein eher wachsames, nervöses Wesen.

Wenn der Hahn kräht ...

Christliche Symbolik auf der Kirchturmspitze

In der christlichen Symbolik spielt der Hahn eine nicht zu unterschätzende Rolle. Wer kennt sie nicht, die Bibelstelle: „Wahrlich, ich sage dir: Du wirst heute in dieser Nacht, ehe der Hahn zweimal kräht, mich dreimal verleugnen." *(Markus 14,30)*? Bekanntlich leugnet Petrus, empfindet aber tiefe Reue und ist daher – oft in Begleitung eines Hahns – häufige Figur auf Beichtstühlen. Historisch nicht unproblematisch: Zu jener Zeit hätte es aufgrund eines rabbinischen Verbots aus Reinheitsgründen in Jerusalem gar keine Hühnerhaltung geben dürfen.

Man muss aber gar nicht bis ins Innere einer Kirche vordringen, um den Hahn zu finden. Meist befindet er sich *on top* und hat einen Ehrenplatz auf vielen – vor allem katholischen – Kirchturmspitzen. Diese Symbolik erinnert an den Verrat des Petrus und mahnt so zur Glaubenstreue, erinnert die Schäfchen aber auch augenfällig an das Gebet bei Anbruch des Tages. Den frühesten Turmhahn (2. Jahrhundert n. Chr.) kennt man vom Mausoleum im nordafrikanischen Cilium, dem heutigen Kasserine in Tunesien. Der erste belegbare wurde 820 gegossen und zierte San Faustino Maggiore in Brescia. Im Mittelalter dann war der Kirchturmhahn gang und gäbe, aber beileibe nicht nur auf Kirchtürmen zu finden. Auch der gemeine Mann mit Haus und Hof installierte sich einen Hahn auf dem Dach, hier eher ein Sinnbild, Feuer abzuwenden, was angesichts der damaligen Leichtbauweise vorzugsweise mit offener Feuerstelle und Strohdach auch bitter nötig war. Gleiches findet sich übrigens in China, wo der Hahn als Tier gilt, das Böses vertreibt. Diese Schutzfunktion füllte der Hahn leider nicht aus, ganz im Gegenteil: Als metallene Abwehr gedacht, zog er Blitze wie magisch an; die Redewendung „der rote Hahn" für ein Schadenfeuer hat hier ihren Ursprung.

Auf erhöhten Gebäuden wie Kirchen hatte der Hahn aber auch die profane Aufgabe als Windfahne. Egal ob plastisch oder als Scherenschnittmodell: Er mahnt, sein Mäntelchen nicht nach dem Wind zu hängen, und zeigt zudem die Windrichtung an. Schon in biblischen Zeiten wird er als Wetterverkünder eingeführt: „Wer verlieh untrügliche Weisheit, oder wer gab Einsicht dem Hahn?", heißt es bei *Hiob 38,26* in Bezug auf Gestirne und Wolken. Als die Meteorologie entdeckte, dass die Anzeige der Windrichtung nicht das einzig ausschlaggebende Kriterium für eine zuverlässige Wettervorhersage ist, schwand auch die prophetische Bedeutung des Hahns. Übrig blieb der Symbolcharakter. Und das pünktliche Krähen zum frühen Tagesbeginn.

Normalerweise sind es Hähne, die sich auf den Kirchturmspitzen im Wind drehen. Je nach Region darf es aber auch schon einmal ein Thunfisch sein, wie auf der Kirche Saint Tudy auf der bretonischen Insel Groix. Als bedeutendster Thunfisch-umschlaghafen bis in die 1940er-Jahre erscheint dies adäquat. Die Kirche Sankt Nicolai auf Helgoland wird von einem Segelschiff geziert. Wenn auch selten: Frauen tragen die (andere) Hälfte des Himmels. Eine der ganz wenigen Kirchen, auf denen eine Henne ihre Dienste tut, ist die Alte Sankt Alexanderkirche im niedersächsischen Wallenhorst (Abbildung rechts). Der Sage nach zerstörte Karl der Große nach seinem Sieg über den sächsischen Herzog Wittekind Ende des 8. Jahrhunderts den dortigen Heidentempel, ließ an gleicher Stelle eine Kirche erbauen und setzte eine goldene Henne auf die Kirchturmspitze, verbunden mit dem Wunsch, sie möge viele weitere Kirchen ausbrüten.

Hühnerhaltung
oder Mit zehn Leitlinien zum glücklichen Huhn

Es ist schon seltsam: Das Huhn ist ein Nutztier und wird von uns Menschen gleich auf zweierlei Art genutzt – Eier und Fleisch sind die Primärprodukte, die es uns liefert. Gerade weil wir dieses Tier doch nutzen, ja ausnutzen, könnten wir ihm doch ein wenig mehr Respekt entgegenbringen. Man mag einwenden, dass in Deutschland, Österreich, der Schweiz und anderen Ländern ja inzwischen die klassische Käfighaltung verboten sei. Aber im Ernst: Hat das die Sache des Huhns wirklich verbessert? Ist es nicht lächerlich, wenn darum gestritten wird, ob einer Legehenne nun die Fläche von 450 cm^2 (entspricht zwei Dritteln eines DIN-A4-Blattes) oder 600 cm^2 (entspricht etwa einem ganzen DIN-A4-Blatt) zusteht? Eier der Kategorie „3" stammen zwar nicht mehr aus der klassischen Batterie; man nennt die frühere Käfighaltung jetzt „Kleingruppenhaltung". Hier wird jeder Henne je nach Gewicht 800 bis 900 cm^2 an zweifelhaftem Para-

Ein Bild, das die Auswirkungen der sogenannten Kleingruppenhaltung zeigt

dies zugesichert. Ein derartiger Irrsinn scheint in Zeiten der industriellen Tierhaltung offensichtlich unvermeidlich, aber wäre es in Sachen Huhn nicht an der Zeit, auch einmal das offensichtlich Unvermeidliche infrage zu stellen? Die Wiedergeburt als Huhn, sofern man an eine solche glaubt, wäre jedenfalls ein zweifelhaftes Vergnügen. Einschlä-

Dass so eine schöne Kindheit aussieht, darf bezweifelt werden

gige Videos von Tierschutzorganisationen, die zeigen, wie Menschen mit Tieren umgehen, gibt es genug. Sie sind nicht einmal schwer zu finden und in ihrer Unerträglichkeit kaum auszuhalten. Was die Massentierhaltung beim Huhn angeht, muss man konstatieren, dass es diese Spezies besonders schwer erwischt hat. Dabei kann doch jeder Verbraucher mit seinem Konsumverhalten Einfluss nehmen. Eier der Kategorie „0", die also aus ökologischer Erzeugung kommen, stammen von Hühnern, die Futter aus Öko-Anbau erhalten. Zudem wird bei dieser Haltungsform jedem Tier Zugang zu 4 Quadratmetern Auslauf garantiert, und im Stall müssen sich maximal sechs Hennen einen Quadratmeter teilen.

Umso schöner, dass sich Menschen dazu entscheiden, Hühner artgerecht zu halten. Ein Garten mit genügend Raum für Stall und Auslauf ist schon ein geeignetes Territorium, um den Tieren einen Platz an der Sonne und im Hühnerstall zu bieten. Das hört sich wie ein Idyll an, zweifelsohne, aber was ist so schlecht an einem Idyll? Sowohl Huhn als auch Halter profitieren davon und haben – jedenfalls was die Halter angeht – einen ausgeglichenen Seelenhaushalt.

Artgerechte Haltung macht nicht nur den Hühnern Freude.

Hühnerhalten mag eine Kunst sein, aber eine, die man ohne allzu viele Mühen erlernen kann – viele Regeln erklären sich allein durch den gesunden Menschenverstand. Man halte sich vor Augen, dass das heutige Haushuhn gar nicht so viel andere Bedürfnisse und Verhaltsweisen zeigt wie seine jahrtausendealten Vorfahren, und befolge die nachfolgenden zehn Leitlinien für eine artgerechte Haltung. Für weiterführende Details gibt es reichlich Fachliteratur oder genaue Anleitungen im World Wide Web. Die Belohnung: Eier in Hülle und Fülle, das gute Gefühl, etwas zur artgerechten Haltung beizutragen, und die Freude am Gackern im Garten.

Erstens: Sozialverhalten berücksichtigen

Hühner sind Herdentiere. Ein Huhn allein macht nicht nur keinen Sommer, sondern ist unglücklich. Optimal für eine Kleingruppe heißt: zehn bis 15 Hennen und ein Hahn. Weniger geht zwar auch, bei mehr muss genügend Platz vorhanden sein, damit die Herde bei der Regulierung der Rangordnung nicht in Stress gerät. Gerade wegen dieser geordneten Rangordnung braucht es Raum, damit sich Hühner, so gern sie auch zusammen picken, fressen oder gackern, auch einmal aus dem Weg gehen können. Nur mit einem Balkon wird das schwierig. Wer einen Mix bevorzugt, sollte die verschiedenen Hühner schon im Kükenalter aneinander gewöhnen. Hühner sind im Alter denn doch recht eigen und freunden sich nicht mehr gern mit Hühnern anderer Rassen an.

Zweitens: Gesunde Ernährung für gesunde Hühner

Fast noch wichtiger als Fressen ist Wasser. Hühner brauchen keinen Champagner, frisches Wasser reicht aus. Das aber muss immer ungehindert zur Verfügung stehen. Als Rinnentränke, Nippeltränke oder Bechertränke. Auch eine offene Wasserfläche ist geeignet, zumal dann alle Hühner gleichzeitig trinken können und es nicht zu Rangeleien kommt. Gleiches ist für die Bemessung von Futtertrögen zu beachten. Überhaupt das Futter: Der eine bemisst die Rationierung mit der Briefwaage, der andere streut es eher großzügig in seine Hühnerschar. Fragt man zehn Hühnerhalter, bekommt man zehn Antworten. Zu beachten ist: Hühner sind Allesfresser, da aber in Zeiten von BSE kein tierisches Protein mehr an Nutztiere verfüttert werden darf, ist das Huhn, das nicht nach draußen darf, zwangsweise Vegetarier. Da macht sich ein Terroir im heimischen Garten, wo das Huhn fröhlich Regenwürmer und Insekten picken darf, hervorragend.

Ein ausreichendes Platzangebot verhindert durch Stress verursachtes atypisches Hühnerverhalten.

Ausreichend dimensionierte Futtertröge sind bei größeren Herden ein Muss.

Ansonsten sollte auf eine ausgewogene Mischung aus Getreide, pflanzlichen Proteinen, Mineralstoffen und Spurenelementen geachtet werden. Die einschlägigen Futtermittelhersteller halten alle möglichen Mixturen bereit. Finden Sie einfach heraus, ob Ihr Huhn zur Kategorie „Feinschmecker" oder im wahrsten Sinne des Wortes „Allesfresser" gehört.

Drittens: Jogging hält fit

Hühner legen pro Tag ein bis zwei Kilometer zurück. Die wollen erst einmal erwandert werden. Deswegen gilt auch hier: Der Balkon ist nicht der ideale Hühneraufenthaltsort. Kurze Flugversuche unternimmt das Huhn mit Todesmut – man gehört schließlich immer noch zur Klasse der Vögel. Eine hühnerfreundliche Architektur im Auslaufgehege und im Stall ist entsprechend zu berücksichtigen. Höher gelegene Sitzstangen oder Legenester zwingen das Huhn zu kurzen Starts und Landungen im Luftraum. Und auch bei Hühnern gilt: Wer sich nicht bewegt, neigt zu Fettleibigkeit …

Bei erhöhten Nistkästen kann eine Hühnerleiter sinnvoll sein – und Treppensteigen hält ja bekanntlich fit.

Viertens: Ein neugieriges Huhn ist ein ausgeglichenes Huhn

Hühner zeigen ein ausgeprägtes Erkundungsverhalten. Eine Umgebung, die nicht eintönig, sondern abwechslungsreich ist, fördert das Sozialverhalten und ist das beste Mittel gegen Federpicken und stressbedingtes atypisches Verhalten. Der Neugier müssen allerdings auch Grenzen gesetzt werden, schon zum eigenen Schutz des Huhns. Eine Umzäunung ist obligatorisch. Sie dient nicht nur dazu, das Huhn auch in der dritten Dimension in seine Schranken zu weisen, sondern hält auch Fressfeinde am Boden von außen fern. Und die gibt es, vor allem in ländlichen Gebieten, immer noch zuhauf: Für

Auch Hühner stehen auf „Schöner Wohnen".

Fuchs, Marder oder Iltis sind Hühner Leckerbissen; Hunde und Katzen sehen in Küken ganz ausgezeichnete Spielkameraden. Freude daran haben aber nur Hund und Katze.

Fünftens: Baden ist kein Luxus

Es wurde bereits angesprochen: Hühner sandbaden gern. Das ist nicht darauf zurückzuführen, dass Hennen in ihrer Frühzeit eitle, mit Federboas bekleidete Diven waren. Sandbaden ist gut für das Gefieder, hält Parasiten und Ungeziefer fern und dient dem artgerechten

Komfortverhalten. Und wenn kein geeigneter Platz für eine natürliche Sandbadewanne vorhanden ist? Wo in deutschen Landen an jedem Wochenende die Produkte des Heimwerkermarktes zu sehen und zu hören sind, sollte es doch eigentlich auch machbar sein, aus Brettern, Säge und Quarzsand eine entsprechende Holzkiste zu zimmern. Es muss ja nicht der Luxuswhirlpool mit düsen- und temperaturgesteuerter Mittelmeersandstrandberieselung sein …

Sechstens: Immer mit der Ruhe

Hühner sind fleißige Tiere. Aber hin und wieder brauchen sie auch eine Pause. Minimalstandard ist, dass sie sich nachts in einen geschützten Raum auf höher gelegene Stangen zurückziehen können. Die wilden Vorfahren hatten dazu ihren Schlafbaum, moderne Hühner bevorzugen den Hühnerstall-Loft mit Stangenschlafstatt. Aber auch während des Tages zieht sich ein Huhn gern einmal zurück. Hennen müssen ihre Eier in Ruhe legen können. Attraktive Nester sollten mit weicher Einstreu versehen sein und an einem abgedunkelten Ort stehen, damit Frau Huhn störungsfrei ihre Heldentat vollbringen kann. Stolzes Gegacker und ein besonders dickes Ei werden der Dank für die Pausenraumgestaltung sein.

Siebtens: Der Hahn ist kein Muss – aber sinnvoll

Ein Hahn in einer Herde ist nicht unbedingt erforderlich, für das stressfreie Aushandeln und letztendliche Einhalten der Rangordnung jedoch auch alles andere als unnütz. Im sozialen Gefüge der Hühner entspricht der polygame Hahn dem natürlichen Standard. Für das Befruchten der Eier ist er eh unabdingbar, aber er dient auch als

Für ein funktionierendes Sozialgefüge in der Herde ist ein Alphatier unabdingbar. Ein Hahn ist dafür prädestiniert.

*Optimal: das Huhn
auf der Stange*

Mediator, Schlichter und ausgleichende Charaktergröße in einem Hühnerhaufen. Nichts gegen Hennen, aber ein Hahn sieht einfach auch imposant und schön aus. Geräuschempfindliche Nachbarn lassen sich eventuell mit einem täglichen Ei besänftigen.

Achtens: Hühner machen ganz schön viel Mist

Um genauer zu sein: Sie koten mit Vorliebe während des Essens und des Ruhens. Und das nicht in geringen Mengen. Für den Hühnerhalter heißt dies, dass Fress- und Ruhebereiche so angelegt sein müssen, dass der Kot auf einem Kotbrett oder in Kotgruben gesammelt wird. In jedem Fall sind Bereiche, in denen bevorzugt gekotet wird, Lieblingsaufenthaltsorte für Parasiten und Brutstätten für Krankheitserreger. Da das Huhn sich selbst zwar ausgesprochen sauber hält, ansonsten aber eher selten zum Wischmob greift, heißt Hühnerhalten eben auch: hygienisch einwandfreie Bedingungen schaffen, sauber machen, Kotbretter abkratzen. Manchmal hilft auch der vor allem bei französischen Obergockeln und Heimwerkermännern so beliebte Hochdruckreiniger.

Neuntens: Zweiraumwohung, Altbausanierung und Wintergarten

Hühner sind recht anpassungsfähig, aber extreme Hitze oder extreme Kälte halten auch sie nicht gut aus. Noch wichtiger als die

Umgebungstemperatur ist allerdings eine gute Lüftung und eine ausreichende Lichtzufuhr. Baupläne für Hühnerställe gibt es in Hülle und Fülle, sodass sich der geneigte Hühnerhalter das schönste Modell aussuchen oder selbst eine Hühnerpension bauen kann. Staunen Sie über den Einfallsreichtum von Hühnern: Ein ausgedienter Wohnwagen wird ganz schnell in Beschlag genommen und entsprechend zweckentfremdet. Wer genügend Platz auf seinem Grundstück hat, sollte sich die Vorteile der mobilen Hühnerhaltung vor Augen führen. Das ist für Boden und Grasnarbe positiv, die Hühner halten sich nicht nur im oder nahe am Stall auf, und schließlich tut eine

Ein Wintergarten für Hühner? In Zeiten von Stallpflicht wegen Vogelgrippe-Alarm eine hervorragende Alternative.

Ortsveränderung auch Familie Huhn gut. Ob alter Bauwagen oder Luxusmodell aus dem Hühner-Luxus-Accessoire-Katalog – Tiere sind da wahrscheinlich weniger geschmäcklerisch als Menschen. In Zeiten der Vogelgrippe gilt Stallpflicht, damit keine Wildvögel ins Hühnergehege eindringen können. Für größere Betriebe, zumal die, die ökologisch produzieren, ist diese Verordnung – wenn auch gesundheitspolitisch angesagt – eine Katastrophe. In kleinerem Hühnerhalter-Maßstab aber mag der mediterran angehauchte Mensch als Vorbild dienen. Was macht der, wenn es draußen noch recht frisch ist, er aber dennoch seinen Espresso gern unter der wenn auch noch spärlichen Sonneneinstrahlung schlürfen will? Richtig: Er verzieht sich in den Wintergarten. Der, wenn er bestimmten Auflagen entspricht, auch bei einem Hühnerstall als ein vor Vogelgrippe schützend geeigneter Anbau anerkannt wird.

Zehntens: Fluchtversuche ermöglichen

Des Huhnes alter Feind ist der aus der Luft. Dazu zählt in unseren Regionen vor allem der Habicht. (Wobei andere Kleinraubtiere durchaus schlimmere Massaker im Hühnerstall anrichten können.) Instinktiv vermeiden Hühner deswegen große Freiflächen, die keinerlei Schutz vor Angriffen aus dem Luftraum bieten. Ein betonierter Innenhof ohne jede Bepflanzung ist zwar leicht sauber zu halten, aber alles andere als ein geeignetes Hühnerrevier. Seien Sie einfallsreich! Bieten Sie Ihren Hühnern Schutzräume in Form von Bäumen, Büschen, Sträuchern. Jede Deckungsmöglichkeit wird ein Huhn dankbar in Anspruch nehmen. Und neugierig erkunden. Und wenn dennoch einmal Gefahr aus der Luft droht: Vertrauen Sie dem Hahn!

Abbildungsnachweis

© **bigstockphoto**: goof_sigma S. 10

© **David Binder**, Berlin, anypics.de S. 9

© **Feldmann (GEH)**: S. 101, 106, 110, 112 r.

© **Fotolia**: Alexander Wurditsch S. 50, Andre Bonn S. 123, Becky Stares S. 88, Carola Schubbel S. 45, charles taylor S. 116, Cornelia Pithart S. 85, Daniel Täger S. 43 u., dawn S. 67, flucas S. 119, giray komurcu S. 54, Harald Lange S. 21 u., 77, Iosif Szasz-Fabian S. 3, Kara S. 114 o., Kevin Eaves S. 12 u., Kimsonal S. 49 u., Konstanze Gruber S. 114 u., Lionel Conflant S. 79, marilyn barbone S. 71, Martina Berg S. 83, 90, 95, Martina Hennings S. 18, Matthew Antonino S. 120, Marty Kropp S. 40, MichaelJordan S. 53, Mknace S. 8, 20 o. l., 69, 91, 92, 127, MSEDDY S. 42, muro S. 121, Petra Kohlstädt S. 82, pwollinga S. 20 o. r., saied shahinkiya S. 51 o., 51 M., Shmel S. 24, sida S. 59, Simone van den Berg S. 87, Stacy Barnett S. 27 u., XJ6652 S. 43 o.

© **Gemeinde Wallenhorst**: S. 115

© **Petra Hartmann**, Köln: S. 16/17, 20 u., 22 o., 22 u., 26, 27 o. l., 28/29, 31, 34, 38 u., 75, 76, 78, 80, 124, 125

© **iStockphoto**: Andyworks S. 13 M., 55, anzeletti S. 48, biesingr S. 16 o., CarbonBrain S. 35, cinoby S. 13 o., dbrimm S. 33 o., Grafissimo S. 13 u., IMAGINARIUS S. 19 u., inspir8tion S. 14, ivan-96 S. 12 o., jsolem S. 38 o., ly-ly S. 49 o., natureniche S. 44, pongpol boonyen S. 11 o., raclro S. 19 o., 19 M., RainervonBrandis S. 51 u., rmarnold S. 66, RyanJLane S. 117, sack S. 11 u., twildlife S. 56 o., yuliang11 S. 62

© **Milerski (GEH)**: S. 102, 103, 105, 107 u., 108 o., 111. 112 l., 113

© **Raukutis (GEH)**: S. 107 o., 109

© **Britta Strohschen**, Rösrath: S. 6, 15, 21 o., 23, 25, 27 o. r., 32 u., 33 u., 36, 37, 39, 41, 46 o. l., 46 o. r., 46 u., 47, 52, 56 u., 57, 58, 60, 61, 63, 68, 70, 72, 73, 81, 84, 86, 89, 96/97 o., 96/97 u., 99, 100, 108 u., 118, 122

© **Zoonar**: Lutz Stepan S. 32 o.

Einige Hühner haben den Wunsch geäußert, namentlich erwähnt zu werden, allen voran die schöne Italienerin Bella (S. 76 u.), außerdem Daggi und Rabi (S. 26), Rosi (S. 31), Scarlett (S. 75), Antonia (S. 78) und Fiya (S. 80).

Ein herzlicher Dank für ihre engagierte Unterstützung gebührt den Fotografinnen Petra Hartmann und Britta Strohschen sowie Antje Feldmann von der Gesellschaft zur Erhaltung alter und gefährdeter Haustierrassen e.V. (GEH).